战争事典
WAR STORY /076

二战苏军武器图解百科

RUSSIAN WEAPONS
OF WORLD WAR II

[英]大卫·波特 —— 著

邢天宁 —— 译

民主与建设出版社
· 北京 ·

© 民主与建设出版社，2022

图书在版编目（CIP）数据

二战苏军武器图解百科 /（英）大卫·波特著；邢
天宁译 . —— 北京：民主与建设出版社，2022.7
书名原文：Russian Weapons of World War Ⅱ
ISBN 978-7-5139-3863-1

Ⅰ . ①二… Ⅱ . ①大… ②邢… Ⅲ . ①第二次世界大
战 – 武器 – 苏联 – 图解 Ⅳ . ① E92-64

中国版本图书馆 CIP 数据核字 (2022) 第 095921 号

著作权登记合同图字：01-2022-3098 号

二战苏军武器图解百科
ERZHAN SUJUN WUQI TUJIE BAIKE

作　　者	［英］大卫·波特
译　　者	邢天宁
责任编辑	彭　现
封面设计	周　杰
出版发行	民主与建设出版社有限责任公司
电　　话	（010）59417747　59419778
社　　址	北京市海淀区西三环中路 10 号望海楼 E 座 7 层
邮　　编	100142
印　　刷	重庆长虹印务有限公司
版　　次	2022 年 7 月第 1 版
印　　次	2022 年 12 月第 1 次印刷
开　　本	787 毫米 ×1092 毫米　1/16
印　　张	17
字　　数	240 千字
书　　号	ISBN 978-7-5139-3863-1
定　　价	129.80 元

注：如有印、装质量问题，请与出版社联系。

出版说明

    在二战时期的欧洲战场，苏联与德国是主要的交战方，但在整个苏德战争期间，苏联需要对付的却不仅仅是德国，还有诸如意大利等法西斯国家。因此，苏联军队在此期间的伤亡最为惨烈，装备损耗也最为巨大。不过也正因为如此，苏军所列装的武器装备得到了迅速发展。苏军不仅得到了英美等国家援助的武器装备，其自身也在将武器装备快速迭代，以适应风云变幻的战局。本书介绍的便是整个二战期间，苏军武器装备的发展情况。

    需要读者注意的是，受限于种种原因，本书作者在创作本书时，对某些武器的评价、对某些事件的阐述，或有争议，或未必符合现代主流认知。将之展示给大众，仅是为保证书籍的完整性，还请读者在阅读时细加甄别。

目　录

警戒

1945 年春，在通往柏林的道路上，一辆 T-34-85 坦克的车组正在监视空中，以提防德军飞机，该坦克来自近卫坦克第 3 集团军。即使在 1945 年 2 月，德国空军还宣称在两周内击毁了 800 多辆苏军装甲车辆和支援车辆。

引言

　　1941年中期，斯大林统治下的苏联实际是一个"泥足巨人"，该国拥有500万名现役士兵，以及1400万名受过部分训练的预备役人员。虽然该国的装甲车辆数量庞大（包括23000辆坦克和4800辆各种装甲车），但在上述坦克中，只有14700辆处于战备状态。这些装甲车辆虽然大部分都不输给德制产品，但由于维护不足、乘员训练有限，其战斗价值早已大打折扣。此外，备件和合格机械师的缺乏，更是加剧了前面提到的维护不足的问题。

　　类似的问题也困扰着苏联炮兵：尽管在1941年6月，苏军一共有117600门各种口径的火炮，但由于炮兵牵引车的数量不足，其机动性受到了很大影响，有些火炮更是连挽马都无法配齐。虽然后来西方盟国援助了大量车辆，但在整个战争期间，依靠马匹牵引的苏军火炮仍然不在少数。

　　在德军入侵之初，让苏军武器无法施展威力的另一个原因是缺乏支援车辆。缺乏经验的红军指战员很快发现，没有这些车辆，他们就无法获得燃料和弹药补给，抢修受损坦克更是无从谈起。由于缺乏运输工具，本来强大的装甲部队还没有参战就"瘫痪"了，坦克沦为固定火力点，甚至与废铁毫无差异。

　　另外，武器所发挥作用的决定因素永远是使用者——尽管在每次红场阅兵中，苏军都会拿出强大的装备。但在战时，苏军本质上仍是一支由农民义务兵组成的军队，其兵员大多来自穷乡僻壤。在那里，生活条件几百年都没有变化——1945年，位于被占区域的德国市民更是惊讶地发现，有些苏军小心地拆走了灯泡和水龙头，因为他们天真地认为"不管走到哪里，这些'战利品'都会发光和喷水"。

　　从这个角度来看，苏军最伟大的成就之一其实是训练出了海量新兵，并保持了必要的训练水准——这些新兵来自四面八方，有些甚至完全不懂俄语。

"斯大林 −2" 重型坦克

一辆饱经战火洗礼的"斯大林 −2"坦克车组在一个德国小镇中稍事休息。为防御步兵反坦克小组，其车长指挥塔上架设有 1 挺 DT 机枪。

第一章

装甲车辆

1941 年 6 月，苏军装备的装甲车辆种类繁杂：其中既有最现代化的 T−34 和 KV−1，也有破旧的双炮塔型 T−26（历史可以追溯到 1932 年）。但到 1945 年，苏军的装甲部队已经脱胎换骨，并装备了在 4 年战火洗礼中诞生的强大坦克。

苏军的第一批装甲车辆可谓五花八门——既有沙皇军队遗留的装甲车，也有在内战中缴获自白军的少量 Mark Ⅴ 中型坦克、"赛犬"坦克和雷诺 FT 坦克。其中许多车况不佳，但在 20 世纪 20 年代后期、苏联开始自主生产坦克之前，该国仍然培育出了一小批有经验的坦克手。

苏联自主设计的第一种坦克——T-18——直到 1929 年才服役，而且只是雷诺 FT 坦克的改进型，但它标志着苏军装甲兵迅猛发展的开端。这种发展之所以能实现，在很大程度上要得益于斯大林的"五年计划"——该计划通过铁腕手段，将一个以农业为主的国家打造成了工业超级大国。

在担任工农红军参谋长（1925—1928 年）和副国防人民委员期间，米哈伊尔·图哈切夫斯基试图用强大的装甲部队取代骑兵部队。1929 年夏天，一个试点性质的机械化旅成立，它给了图哈切夫斯基检验自身理论的机会，并在后来证明了自身的强大潜力。与此同时，苏联的坦克年产量也在提升。

为检验新战法，苏军举办了一系列规模越发庞大的年度演习，而 1935 年的基

野战维修

在苏联的严冬中，确保装甲车辆正常运行是一项重大挑战。本照片摄于 1941/1942 年冬季，在某个野战维修车间，一辆 BT−5 的炮塔正在被吊起。

辅军区大演习更将它们推向巅峰——其中参演的装甲车辆多达数百辆，让西方观察员惊讶不已。事实上，如果这些观察员知道苏军的坦克（当然，还有装甲车辆）比其他国家加起来还多，他们大概会更加诧异。

不过，就在苏军建立起技术优势，要把其他欧洲军队甩在身后时，一场清洗运动改变了这一切：1937年时，大量有才干的高级军官被处决或监禁，比如图哈切夫斯基。同样遭此厄运的还有数千名下级指挥员。不久之后，恐怖浪潮还扩大到国防工业的主管人员，甚至武器设计团队也不例外。

西班牙内战

与此同时，西班牙内战提供了一个检验苏制装甲车辆实战表现的宝贵舞台。其间，苏联向共和军提供了300辆T-26和50辆BT-5。虽然这次战争没有爆发大规模坦克战，但一些局部战斗证明，在技术上，苏制车辆要远比国民军的德制一号坦克和意大利超轻型坦克优越。

不过，西班牙内战也暴露出了苏联坦克在设计上的严重问题。当国民军步兵开始使用"莫洛托夫鸡尾酒"（一种简易燃烧弹）时，T-26和BT-5的汽油发动机很容易起火。更令人担忧的是，国民军还装备了德国提供的37毫米（1.46英寸）反坦克炮，它们可以轻松击穿上述坦克的薄弱装甲。

根据从西班牙传回的报告，苏军为新坦克确定了设计要求：能完全抵御37毫米（1.46英寸）反坦克炮，并免疫1000米（3280英尺）外76.2毫米（3英寸）火炮的射击。由于当时汽油发动机的燃烧效率低，火灾隐患大，当局还决定尽量使用柴油发动机。这些要求构成了T-34开发的基础——这种坦克可以说是"俄国的救星"，不仅战斗力强，还能在恶劣条件下被量产。到1942年年底，T-34坦克的生产工时被减少了近一半，而且这还是在厂区条件极端简陋、熟练工人大批开赴前线的情况下实现的（在工厂中，50%的劳动力是妇女，15%是男孩，还有15%是老人和残疾人）。

T-26轻型步兵坦克

T-26轻型步兵坦克源于英国的维克斯"6吨坦克"。T-26的设计很成功，在1931年至1941年间，各种型号的总产量超过12000辆。最初投产的T-26

T-26TU 1931 型

本车辆是 T-26 1931 型坦克的指挥型，配备有电台和独特的"晾衣绳"天线。其右侧炮塔安装有 1 门低初速 37 毫米（1.46 英寸）火炮——该火炮的设计源自法国的皮托 SA 18 型坦克炮（Puteaux SA 18），左侧炮塔则有 1 挺 DT 机枪。

T-26 1931 型

乘员:3
生产时间:1931—1933 年
重量:8.6 吨
长度:4.88 米（16 英尺）
宽度:3.41 米（11 英尺 2 英寸）
高度:2.08 米（6 英尺 10 英寸）

发动机:66 千瓦（88 马力）GAZ-T26 型 4 缸汽油机
公路行驶速度:35 千米 / 时（22 英里 / 时）
续航力:130 千米（81 英里）
武器装备:1 门 37 毫米（1.46 英寸）主炮和 1 挺 7.62 毫米（0.3 英寸）DT 机枪
装甲:6—15 毫米（0.24—0.59 英寸）

1931 型有 2 座炮塔，每座炮塔各有 1 挺 DT 机枪[①]，这种坦克在 1931 年至 1934 年生产了超过 2000 辆。

当局很快意识到双炮塔型号已经过时，并于 1932 年开始设计单炮塔版本。T-26 1933 型由此诞生，该型号配有双人炮塔，其中有一门 45 毫米（1.77 英寸）炮和一挺 DT 同轴机枪。1933 型的生产一直持续到 1936 年，共有 5500 辆完成，在 1941 年前数量位居苏军坦克之冠。

---

① 译者注：此处有误，按照马克西姆·科洛米茨（Maxim Kolomiets）撰写的《T-26：命途多舛的轻型坦克》（T-26. Тяжёлая судьба лёгкого танка）一书，1931 型的武器实际是一门 37 毫米炮和一挺 DT 机枪，安装两挺机枪的版本直到 1932 年后才出现。

T—26 1933 型
1933 型是 T—26 坦克的首个单炮塔版本。在 20 世纪 30 年代初期的各种坦克炮中，其 45 毫米（1.77 英寸）主炮的威力位居第一。

T-26 1933 型

乘员：3
生产时间：1933—1935 年
重量：9.4 吨
长度：4.88 米（16 英尺）
宽度：3.41 米（11 英尺 2 英寸）
高度：2.41 米（7 英尺 11 英寸）

装甲：6—15 毫米（0.24—0.59 英寸）
发动机：67 千瓦（90 马力）GAZ-T26 型 4 缸汽油机
公路行驶速度：28 千米 / 时（17 英里 / 时）
续航力：175 千米（108 英里）
武器装备：1 门 45 毫米（1.77 英寸）主炮和 1 挺 7.62 毫米（0.3 英寸）DT 同轴机枪

20 世纪 30 年代中期，苏军和日本军队在蒙古与中国东北边境爆发了小规模冲突，其间 T-26 坦克暴露出了铆接装甲质量不佳的问题，其生产也一度因此暂停。之后问世的 1936 型运用了焊接装甲，并在炮塔后部安装有一挺 DT 机枪。[①]

在 20 世纪 30 年代后期的西班牙内战中，T-26 被证明难以抵御轻型反坦克炮 [如 37 毫米（1.46 英寸）的 Pak 36 反坦克炮]。但简单地增加装甲必将影响其战场机动

---

① 译者注：此处有误，首先，采用焊接装甲和炮塔后部机枪的型号实际应被称为"1938 型"；其次，作者所指的苏日冲突可能是"哈桑湖事件"和"诺门罕事件"，但这两次冲突均发生在 1938 型 T-26 坦克投产后，并不是该型号诞生的成因。业内研究者一般认为，T-26 的上述改进首先源自西班牙内战期间的经验，其次是参考了其他西方国家——尤其是法国和捷克——最新的坦克设计，相关内容可参考马克西姆·科洛米茨撰写的《T-26：命途多舛的轻型坦克》一书。

T-26 1938 型

1938 型的特点是采用了带倾斜装甲的焊接炮塔，并提升了油箱容量。另外，本车还额外安装有 P-40M 机枪支架和 1 挺 DT 机枪——这种机枪支架也曾安装在许多早期的 T-26 上。

T-26 1938 型

乘员:3

生产时间:1938—1939 年

重量:8.6 吨

长度:4.88 米（16 英尺）

宽度:3.41 米（11 英尺 2 英寸）

高度:2.41 米（7 英尺 11 英寸）

发动机:67 千瓦（90 马力）4 缸汽油机

公路行驶速度:30 千米 / 时（18.6 英里 / 时）

续航力:225 千米（140 英里）

武器装备:1 门 45 毫米（1.77 英寸）主炮和最多 3 挺 7.62 毫米（0.3 英寸）DT 机枪（1 挺同轴机枪,1 挺在炮塔后部,1 挺防空机枪）

装甲:6—20 毫米（0.24—0.79 英寸）

T-26E

为提升生存能力，这辆 T-26 坦克安装有附加装甲，此举是一种不得已的做法，降低了车辆的机动能力和机械可靠性。

性，还有可能让悬挂系统不堪重负。为此，工程师们提出了一种解决方案——更换新炮塔。新炮塔的装甲的厚度虽然与旧型号相同，但采用了倾斜设计，从而在保持重量的情况下提高了防护水平。安装了新炮塔的型号被称为 T-26 1938 型。后来 T-26 1938 型又成了 T-26 1939 型的蓝本，后者安装有 T-26 1938 型的炮塔和改进后的车体，战斗室上部较以往的型号更为宽敞，并采用了更厚的倾斜装甲。

在对芬兰的"冬季战争"中，苏军投入了大量 T-26，但损失惊人：仅 1939 年 11 月 30 日至 1940 年 3 月 13 日在卡累利阿地峡，第 7 集团军的损失就高达 930 辆（有 463 辆在战争期间修复，其中许多纯粹是因为机械故障而报损）。这也表明，即使是最新的 T-26 也急需提升防护能力。为此，许多 T-26 后来附加装甲，将最大装甲厚度提升到 50 毫米（1.96 英寸）。[①] 这些附加了装甲的 T-26 被称作 T-26E["E"是"ekranami"（附加装甲）的首字母]。

在德国入侵时，T-26 占苏军坦克总数的 39.5%。西部各军区拥有 4875 辆，其中 3100 辆处于战备完好状态——几乎与"巴巴罗萨"行动开始时德军坦克的总数相等。

不过，在战斗中，由于抢修车辆和备件紧缺，一旦坦克受损或故障，苏军乘员只能将之原地遗弃或直接炸毁。尽管在 1941 年，后期型 T-26 的性能不输给大部分轴心国坦克，但它们受到了步兵和火炮的拖累。以上这些，再加上德军的空中优势和战术优势，让苏军蒙受了惨重损失。其中一个典型就是波罗的海沿岸特别军区的机械化第 12 军。

1941 年 6 月 22 日，该军一共装备了 449 辆 T-26、2 辆 OT-130 喷火坦克和 4 辆 T-26T 火炮牵引车。但到 7 月 7 日时，该军已经损失了 201 辆 T-26，外加所有的 OT-130 喷火坦克和 T-26T 火炮牵引车。另外，该军还因机械故障被迫放弃了 186 辆 T-26 坦克。

幸存的 T-26 经历了整场战争，1945 年 8 月，还有超过 1000 辆该型坦克参加了击败日本关东军、占领中国东北地区的攻势。

---

① 译者注：原文如此，这些 T-26 的最大装甲厚度实际为 45 毫米。此外，本书原文存在部分数据换算（公制和英制）不统一的问题，但因作者的数据来源未知，故译者并未进行校正。

T-27 超轻型坦克

　　T-27 是一种非常简单的装甲机枪运载车，由英国"卡登—洛伊德"超轻型坦克发展而来——苏联曾在20世纪30年代购买过20辆用于试验。T-27基本可以被视为"卡登—洛伊德"的放大版，但安装有更强大的发动机，并配备了1挺7.62毫米（0.3英寸）DT机枪（备弹2520发）。1931年至1933年，苏联一共生产了2500多辆T-27。至1941年6月时，T-27仍有大约一半在服役状态，并主要装备于机械化第1、第4、第9、第10、第15、第18和第24军。一小部分T-27还参加了1941年12月的莫斯科保卫战。

T-37、T-38 和 T-40 两栖轻型坦克

　　到1933年，T-27"超轻型坦克"因体格太小、生存能力差、不适合充当侦察

T-37 两栖轻型坦克

"冬季战争"期间，一辆位于芬兰境内的T-37。该坦克装甲极为薄弱，只能抵挡步枪子弹。在拉多加湖地区，芬兰第7反坦克连曾创下过在1700米（5580英尺）外使用37毫米（1.46英寸）博福斯反坦克炮击毁1辆T-37的纪录。

T-37A

乘员：2
生产时间：1933—1936年
重量：3.2吨
长度：3.75米（12英尺4英寸）
宽度：2.08米（6英尺10英寸）
高度：1.82米（6英尺）

发动机：30千瓦（40马力）GAZ-AA型汽油机
公路行驶速度：35千米/时（22英里/时）
续航力：185千米（115英里）
武器装备：1挺7.62毫米（0.3英寸）DT机枪
装甲：3—9毫米（0.12—0.39英寸）

T-38 两栖轻型坦克

尽管 T-38 较 T-37 有所改进,但只有少数配备了无线电台,导致侦察能力大打折扣。这些问题最终催生了 T-40。

T-38

乘员:2

生产时间:1936—1939 年

重量:3.3 吨

长度:3.78 米(12 英尺 5 英寸)

宽度:3.33 米(10 英尺 11 英寸)

高度:1.63 米(5 英尺 4 英寸)

发动机:30 千瓦(40 马力)GAZ-AA 型汽油机

公路行驶速度:40 千米/时(25 英里/时)

续航力:170 千米(109 英里)

武器装备:1 挺 7.62 毫米(0.3 英寸)DT 1929 机枪

装甲:3—9 毫米(0.12—0.39 英寸)

车等问题而被前线部队淘汰,取而代之的是一系列更强大的两栖轻型坦克。其中第一种坦克就是 T-37——它安装有 1 座小型单人炮塔,并配有 1 挺 DT 机枪。

在 1933 年至 1937 年间,苏军共生产了 1200 辆 T-37,由于后者涉水性能不佳,工程师们又大幅修改了原设计,以至于新坦克被重新命名为 T-38。它比 T-37 更宽、更低,行驶速度也更快,在 1937 年至 1939 年间完工了大约 1300 辆,但它也存在另一个问题,即火力不足,这导致有些车辆上的 7.62 毫米(0.3 英寸)机枪被 20 毫米 ShVAK 机关炮取代。

T-40 于 1940 年服役,较 T-37 和 T-38 有重大改进。它抛弃了早期坦克上安装的螺旋弹簧悬挂装置,改用配备 4 对负重轮的现代扭杆悬挂,火力也有所提升,并用锥形焊接炮塔提高了防护水平,只是装甲仍然很薄。

在德军入侵时,T-40 的总产量尚不到 222 辆,不久之后,工厂便开始转产更

T-40 两栖轻型坦克
T-40 两栖轻型坦克改善了装甲防护;武器也较以往型号有所改进——配备了 1 挺 12.7 毫米(0.5 英寸)DShK 重机枪和 1 挺 7.62 毫米(0.3 英寸)DT 同轴机枪。

T-40

乘员:2	发动机:52 千瓦(70 马力)GAZ-202 型汽油机
生产时间:1939—1941 年	公路行驶速度:45 千米 / 时(28 英里 / 时)
重量:5.9 吨	续航力:450 千米(280 英里)
长度:4.11 米(13 英尺 6 英寸)	武器装备:1 挺 12.7 毫米(0.5 英寸)DShK 机枪和 1 挺 7.62 毫米(0.3 英寸)DT 同轴机枪
宽度:2.33 米(7 英尺 8 英寸)	
高度:1.95 米(6 英尺 5 英寸)	装甲:3—13 毫米(0.12—0.51 英寸)

易制造的 T-60 坦克。T-60 坦克的出现也意味着苏联两栖轻型坦克发展的"暂停",直到 PT-76 坦克在 1951 年服役,此类武器才重获新生。

T-60 轻型坦克

在诞生之初,T-60 是 T-40 坦克的"非两栖"版本,但随着设计发展,其逐渐演变成一种装甲更厚重的轻型坦克,只有 T-40 车体的下半部分和行走装置被保留了下来。该坦克最初计划安装与 T-40 相同的武器,但设计者很快意识到了这个方案的不足,于是所有量产型最终都配备了 1 门 20 毫米(0.79 英寸)TNSh 机关炮和 1 挺 7.62 毫米(0.3 英寸)DT 同轴机枪。

首批 T-60 在 1941 年 7 月完工,随后产量迅速提升,以满足军方对坦克的紧迫

T−60 轻型坦克

早期型 T−60 坦克采用了辐条式负重轮；但装甲更厚的后期型号（如本图所示）则换装了实心负重轮，以应对车身重量的增加。

T-60

乘员:2	发动机:63.4 千瓦（85 马力）GAZ-203 型汽油机
生产时间:1941—1943 年	公路行驶速度:43.5 千米 / 时（27 英里 / 时）
重量:5.8 吨	续航力:450 千米（280 英里）
长度:4.1 米（13 英尺 5 英寸）	武器装备:1 门 20 毫米（0.79 英寸）TNSh 机关炮和 1 挺 7.62
宽度:2.29 米（7 英尺 6 英寸）	毫米（0.3 英寸）DT 同轴机枪
高度:1.74 米（5 英尺 8 英寸）	装甲:7—35 毫米（0.28—1.38 英寸）

需求，并填补"巴巴罗萨"行动开始阶段的巨大损失。

事实证明，这种型号的坦克在战场上非常脆弱，甚至无法抵御轴心国最轻型的反坦克武器。它很快得到了一个绰号"Bratskaya Mogila na Dovoikh"，字面意思是"两兄弟的坟墓"。为了提高战场生存能力，苏军曾经试图加厚它的炮塔和正面装甲，结果让 T-60 的战场机动性雪上加霜（原版履带太窄，增大了接地压力）。

提升火力的做法同样无果而终——其间，苏军曾试图给 T-60 安装威力更大的 23 毫米 VYa-23 机关炮，但发现其后坐力会卡住炮塔旋转机构。

虽然 T-60 问题丛生，但卡图科夫（Katukov）少将认为，通过巧妙部署，它们确实在 1941 年的殊死战斗中发挥了作用："在这紧要时刻，我们差点被德国人打败，但正是这些滑稽的坦克拯救了我军阵地。非常走运，当地的黑麦几乎有一米高，隐藏了 T-60 的身影。在黑麦田的掩护下，两辆 T-60 坦克设法渗透德国步兵后方，向他们开火。猛轰了几分钟之后，德军的进攻停止了。"

这种成功纯属偶然，并不能消弭 T-60 与生俱来的设计缺陷，例如生存性和越野性能问题，这让它很难与 T-34 和 KV 坦克一起在坦克旅中服役。

罗特米斯特罗夫（Rotmistrov）将军曾在报告中对苏联最高总统帅部写道："问题在于，虽然 T-60 在公路上（的机动性）和 T-34 没有区别，但在越野时，这些轻型坦克很快就会被抛在后面。至于 KV 更是跟不上来，甚至经常压垮桥梁，让后续部队无法前进。在战场环境中，T-34 只能单打独斗，而轻型坦克无论如何也打不过德国人，至于 KV 坦克总是被抛在后面。"

虽然 T-60 的总产量超过了 6000 辆，但其战斗经历表明，它们只能对付最轻型的德国装甲车辆。

T-70 轻型坦克

T-70 是苏军在战争中最后一种被大量列装的轻型坦克，并在 1942 年至 1943 年间生产了 8000 多辆。为了加快生产速度，该坦克在一开始大量使用了现成部件，因此存在一系列问题，其中最糟糕的是动力系统——它由两台 GAZ-202 卡车发动机组成，车体两侧各有 1 台。每台发动机都通过一部传动装置驱动一条履带，但这些传动装置之间并不是联动的。测试表明这种设计完全不切实际，令工程师们只能从头开始。经过修改，其传动系统采用了更中规中矩的设计，并和差速器总成与发动机串联在一起。同时，原来的锥形炮塔被更容易生产的焊接炮塔取代，塔内则安装有 1 门 45 毫米（1.77 英寸）主炮和 1 挺 DT 同轴机枪。新型号的正式名称是 T-70M，但有时仍然被称为 T-70。

T-70 轻型坦克

尽管 T-70 坦克问题很多,但在巧妙使用时,它仍不失为一种有用的侦察车辆——它比 T-34 更为小巧,而且使用的是汽油发动机,不会像 T-34 一样排出滚滚浓烟。

T-70M

乘员:2
生产时间:1941—1943 年
重量:9.2 吨
长度:4.29 米(14 英尺 1 英寸)
宽度:2.31 米(7 英尺 7 英寸)
高度:1.74 米(6 英尺 7 英寸)

发动机:2 台 52 千瓦(70 马力)GAZ-202 型 6 缸汽油机
公路行驶速度:45 千米/时(28 英里/时)
续航力:360 千米(224 英里)
武器装备:1 门 45 毫米(1.77 英寸)主炮和 1 挺 7.62 毫米(0.3 英寸)DT 同轴机枪
装甲:10—60 毫米(0.39—2.36 英寸)

主炮

相对于威力低下的 20 毫米(0.79 英寸)机关炮,后来换装的 45 毫米(1.77 英寸)主炮可谓深受部队欢迎,但在 1942 年和 1943 年,它已无法在正常战斗距离击穿大部分现役德军坦克。它还有一个缺陷是让车长经常手忙脚乱的单人操作,设计师后来推出了一种双人炮塔,并安装到了大约 120 辆坦克上,这些坦克后来被称为 T-80。为了给 SU-76 自行火炮的生产让路,T-80 的生产时间很短,只有一些部件被 SU-76 继承。

T-70 偶尔会取得不错的战绩。1944 年 3 月 26 日,亚历山大·佩戈夫(Alexander Pegov)军士伏击了一个豹式坦克纵队,从侧翼用硬芯穿甲弹在 200 米(660 英尺)内连续击毁了 2 辆。令人惊讶的是,佩戈夫在战斗中幸存,并获得了"苏联英雄"称号。

T-70 的一个关键优势是：可以在无法制造中型或重型坦克的小厂生产。该型坦克一直服役到 1948 年。

BT 快速坦克

BT 系列坦克 [BT 是 "Bystrokhodny tank"（快速坦克）的首字母缩写] 由美国制造的 M1930 型轮履两用坦克发展而来，后者的设计师沃尔特·克里斯蒂（Walter Christie）是一位怪才，他认识到当年的坦克履带不仅不可靠，还严重限制了坦克的速度。为此，他设计了一种可以轻松拆卸履带的坦克，其中的新设计就有可以用链条直接驱动后方的负重轮。该坦克的履带能在大约 30 分钟内被拆除，并固定在挡泥板上，之后，坦克便可以利用负重轮，以极高的速度在公路上行驶——在轮式状态下的速度可以达到 100 千米 / 小时(62 英里 / 小时)。

1931 年，苏联人购买了 2 辆克里斯蒂的原型车，赋予了它们 BT-1 的代号，并在此基础上开发出了第一批 BT-2 坦克——1932 年，BT-2 被投入现役。其动力由 1

BT-2
1941 年 12 月，莫斯科保卫战期间，一辆幸存的 BT-2 坦克——该坦克涂有简单的冬季迷彩。

BT-2

乘员：3
生产时间：1932—1934 年
重量：10.2 吨
长度：5.58 米（18 英尺 3 英寸）
宽度：2.23 米（7 英尺 3 英寸）
高度：2.2 米（7 英尺 2 英寸）

发动机：298 千瓦（400 马力）M5 型汽油机
公路行驶速度：100 千米 / 时（62 英里 / 时）
续航力：200 千米（124 英里）
武器装备：1 门 37 毫米（1.46 英寸）1930 型主炮，1 挺 7.62 毫米（0.3 英寸）DT 机枪
装甲：6—13 毫米（0.24—0.51 英寸）

BT-5 1933 型

这种配备无线电设备的 BT-5 坦克一般是连长或排长座车。另外，为避免沦为德国坦克的重点打击目标，该车还涂上了冬季视觉干扰迷彩。

BT-5 1933 型

乘员:3
生产时间:1933—1935 年
重量:11.5 吨
长度:5.58 米（18 英尺 3 英寸）
宽度:2.23 米（7 英尺 3 英寸）
高度:2.2 米（7 英尺 2 英寸）

发动机:298 千瓦（400 马力）M-5 型汽油机
公路行驶速度:72 千米 / 时（45 英里 / 时）
续航力:200 千米（124 英里）
武器装备:1 门 45 毫米（1.77 英寸）20-K 1932 型主炮，1 挺 7.62 毫米（0.3 英寸）DT 同轴机枪
装甲:6—13 毫米（0.24—0.51 英寸）

部 298 千瓦（400 马力）的 M5-400 发动机提供，该发动机也是美国"自由"航空发动机的授权仿制版本。M5-400 发动机的早期型号很难维护，但拥有极高的功率重量比，正常运转状态下的性能非常优异。

所有 BT-2 都配有简单的圆柱形炮塔，且大部分都安装有 1 门 37 毫米（1.46 英寸）B-3（5-K）型坦克炮，以及 1 挺安装在球形机枪座上的 DT 机枪。不过由于 37 毫米 B-3（5-K）型坦克炮产量不足，一些最早完工的 BT-2 坦克安装的是 3 挺 DT 机枪。

1933 年，形势要求苏军加强 BT-2 坦克的火力，比如安装与最新型 T-26 坦克相同的主炮——45 毫米（1.77 英寸）20-K 型坦克炮。该坦克的炮塔与 T-26 的炮塔非常相似，其中有 1 门 45 毫米（1.77 英寸）火炮和 1 挺 DT 同轴机枪。

尽管以 20 世纪 30 年代初期的标准，BT-5 是一种强大的武器，但随着轻型反

BT-7 1937 型
1937 型是 BT-7 坦克最常见的量产型号。该车拥有三色迷彩,并于 1939 年参加了占领波兰东部的行动。

BT-7 1937 型

乘员:3
生产时间:1937—1939 年
重量:14 吨
长度:5.58 米(18 英尺 3 英寸)
宽度:2.29 米(7 英尺 6 英寸)
高度:2.42 米(7 英尺 10 英寸)

发动机:373 千瓦(500 马力)米秋林 M17-T 型 V-12 汽油机
公路行驶速度:86 千米 / 时(53 英里 / 时)
续航力:250 千米(155 英里)
武器装备:1 门 45 毫米(1.77 英寸)20K 1932 型主炮,1 挺
7.62 毫米(0.3 英寸)DT 同轴机枪
装甲:6—13 毫米(0.23—0.51 英寸)

坦克炮的普及,苏军也急需提升坦克的防御能力。从 1937 年起开始大规模生产的 BT-7 便来源于此。[1]BT-7 的主要特征是全新的圆锥形炮塔,该炮塔的设计源自 T-26 1937 型。[2] 倾斜装甲为炮塔提供了更好的保护,并增加了弹药储存空间。

除了标准的 BT-7 之外,苏军还在 1936 年至 1938 年间生产了 154 辆 BT-7A 火炮坦克。这批坦克装备了 76.2 毫米(3 英寸)KT 型榴弹炮,并采用了 T-28 中型坦克安装的大型圆柱形炮塔。

由于武器过于沉重,BT-7A 火炮坦克不具备在轮式 / 履带行驶状态间切换的能力,是 BT 系列中唯一一种只能以履带行驶的型号。

---

① 译者注:此处有误,按照 M. 巴甫洛夫(M.Pavlov)和 I. 热尔托夫(I.Zheltov)等人撰写的《BT 坦克》一书,BT-7 的大规模生产始于 1935 年,到 1936 年,该坦克已有超过 600 辆交付部队。

② 译者注:此处有误,按照 M. 巴甫洛夫和 I. 热尔托夫等人撰写的《BT 坦克》一书,最早期的 BT-7 仍然使用了 BT-5 的圆柱形炮塔,直到 1937 年之后生产的车辆才开始采用圆锥形炮塔;另外,T-26 也不存在所谓的 1937 型,而且安装圆锥形炮塔的时间也在 BT-7 之后。

BT 系列坦克一直生产到 1941 年，此时其产量已近 7000 辆。这些坦克大多参与了"巴巴罗萨"行动初期的战斗，但损失惨重，到 1942 年，该型坦克已几乎从东线绝迹。但一些报告显示，仍有大量 BT 坦克在远东军区服役，并投入了 1945 年进攻日本占领下的中国东北的行动。

BT-7A

BT-7A 配备的 76.2 毫米（3 英寸）KT 型榴弹炮可以发射重 6.23 千克（13.73 磅）的高爆弹，最大射程为 7100 米（23300 英尺）。按照设想，该坦克将主要负责支援配备 45 毫米（1.77 英寸）主炮的 BT 系列坦克，对敌人的据点和反坦克炮进行近距离直接射击。

BT-7A 火炮坦克

乘员:3
生产时间:1936—1938 年
重量:14.5 吨
长度:5.58 米（18 英尺 3 英寸）
宽度:2.29 米（7 英尺 6 英寸）
高度:2.52 米（8 英尺 1 英寸）
装甲:6—15 毫米（0.24—0.59 英寸）

发动机:373 千瓦（500 马力）米秋林 M17-T 型 V-12 汽油机
公路行驶速度:86 千米 / 时（53 英里 / 时）
续航力:200 千米（124 英里）
武器装备:1 门 76.2 毫米（3 英寸）KT-28 1932 型榴弹炮;
1—2 挺 7.62 毫米（0.3 英寸）DT 机枪（1 挺位于炮塔顶部，
1 挺位于炮塔后方）

T-28 中型坦克

1929 年，苏军要求研制一种步兵支援坦克，T-28 坦克便因此诞生并于 1933 年投产。以当时的水平，无论是防护还是火力，该型坦克都非常优秀:它不仅拥有 3 座炮塔，而且其装甲厚度还达到了 20—30 毫米（0.79—1.18 英寸）。T-28 坦克的 2 座小炮塔各安装有 1 挺 DT 机枪，而在早期生产型上，主炮塔则安装有 1 门 76.2 毫米（3 英寸）KT-28 型榴弹炮和 1 挺安装在球形机枪座上的 DT 机枪（也是全车的第 3 挺 DT 机枪）。

1938 年，T-28 的改进型投产，该型号配备了炮管更长、初速更快的 76.2 毫米（3 英寸）L-10 型坦克炮，主炮塔后部也增加了 1 挺 DT 机枪。许多坦克后来还安装有 P-40 型防空机枪架，并因此额外配备了 1 挺 DT 机枪。

冬季战争期间，有大量 T-28（可能多达 90 辆）成了芬兰反坦克炮的牺牲品。这催生了一项紧急工程：为车体正面和主炮炮塔安装 50 毫米（1.97 英寸）附加装甲。但由于引擎没有升级，该坦克的战场机动性和最高速度都大打折扣。

1940 年交付的最后一批车辆安装有 T-35 1939 型的主炮塔，特点是采用了倾斜装甲，并提高了防护水平。在德国入侵时，苏军仍有大约 400 辆 T-28 服役，但到 1941 年年底，这些车辆已损失殆尽。

T-28

在刚服役时，T-28 是世界上最强大的中型坦克之一：其配备的 76.2 毫米（3 英寸）榴弹炮可以发射 6.2 千克高爆弹，是支援步兵的理想武器；还能搭载超过 8000 发机枪子弹，以猛烈的火力压制敌军。

T-28 1934 型

乘员：6
生产时间：1934—1940 年
重量：28 吨
长度：7.44 米（248 英尺 5 英寸）
宽度：2.87 米（9 英尺 5 英寸）
高度：2.82 米（9 英尺 3 英寸）
装甲：20—30 毫米（0.79—1.18 英寸）

发动机：373 千瓦（500 马力）米秋林 M17 型 V-12 汽油机
公路行驶速度：37 千米/时（23 英里/时）
续航力：220 千米（137 英里）
武器装备：1 门 76.2 毫米（3 英寸）榴弹炮、5 挺 7.62 毫米（0.3 英寸）DT 机枪（1 挺高射机枪，1 挺位于主炮塔正面，1 挺位于主炮塔后部，还有 2 挺位于 2 座机枪塔内）

柏林，1945

一辆 T-34-85 在支援步兵的掩护下，小心翼翼地在一个尚未遭到战火摧残的柏林郊区前进。这种谨慎并非没有原因——在柏林市内，由于 128 毫米高射炮到"铁拳"火箭筒等各种武器的打击，苏军至少损失了 108 辆坦克。

T-34

　　T-34 的起源可以追溯到 BT 系列快速坦克。1937 年，才华横溢的设计师米哈伊尔·科什金（Mikhail Koshkin）奉命研制 BT 坦克的改进型，A-20 坦克应运而生。该坦克沿用了 BT 系列的 45 毫米（1.77 英寸）炮和轮履两用设计，但车身和炮塔全面采用了倾斜装甲，还配备了新的 V12 柴油发动机。不仅如此，科什金还逐渐意识到轮履两用设计已经过时了——它极大增加了全车的重量和复杂性，而且轮式模式的实际使用价值很低。这让他抛弃了 A-20 的设计，并在 1939 年用 A-32 取而代之。A-32 的装甲更厚，只有履带行驶模式，并配备了 1 门 76.2 毫米（3 英寸）L-10 型火炮。

　　尽管 A-32 的性能已经非常优秀，但科什金并不满足，他又拿出了一份关于 A-34 的设计。A-34 拥有 45 毫米（1.77 英寸）厚的装甲和新式的 76.2 毫米（3 英寸）L-11 型火炮，其履带则从 400 毫米被加宽至 550 毫米（即从 15.74 英寸加宽至 21.6 英寸），拥有极高的战场机动性（尤其是在泥泞地带或雪地里）。随后是漫长的试验，其间，该型车曾于 1940 年 3 月行军 3000 千米（1864 英里），在哈尔科夫到莫斯科之间完成了长途往返，最终以 T-34 1940 型被投入现役。德国入侵时，

T-34 1940 型

早期生产的 T-34 大多问题缠身。正是因此，很多部队都学会了尽量携带备件，有时甚至会在引擎盖上捆绑 1 部完整的变速箱。

T-34 1940 型

乘员：4
生产时间：1940—1941 年
重量：26 吨
长度：5.95 米（19 英尺 6 英寸）
宽度：3 米（9 英尺 10 英寸）
高度：2.42 米（7 英尺 10 英寸）
装甲：15—45 毫米（0.59—1.77 英寸）

发动机：373 千瓦（500 马力）V-2-34 型柴油机
公路行驶速度：55 千米 / 时（34 英里 / 时）
续航力：300 千米（186 英里）
武器装备：1 门 76.2 毫米（3 英寸）L-11 型 30.5 倍径主炮；
2 挺 7.62 毫米（0.3 英寸）DT 机枪（1 挺为主炮同轴机枪，
1 挺位于车体正面）

T-34 的服役数量相对较少，但依旧让自信的德国坦克兵感到震惊。一位德军士官评论道："（苏军的）数量优势其实没有多大意义，我们已经习惯了。但他们有更好的坦克，那才是让人恐惧的事情……俄国人的坦克非常敏捷，在近距离交战中，它们爬坡或穿越沼泽的速度甚至比我们炮塔的转速还快。透过噪声和震动，你一直能听到炮弹在这些坦克装甲上弹开的声音。但当炮弹击中我军坦克时，经常会发生低沉而漫长的爆炸，并发出燃料燃烧时的呼啸声——感谢上帝，这声音太响亮，掩盖了中弹车组的哀号。"

　　尽管 T-34 拥有强大的火力，但它的射击准确性相对来说却逊色得多，因为苏军坦克的观瞄设备比较粗糙，无法和蔡司等德国企业 ① 的产品相提并论。不仅如此，

---

　　① 译者注：原文如此。事实上，大部分德国坦克的观瞄设备是由另一家光学企业——恩斯特·莱茨光学工厂（E. Leitz Optische Werke）生产的，而且值得一提的是，该工厂也是徕卡相机公司的前身。

T-34 还采用了双人炮塔设计：车长需要兼任炮手，因此经常在战斗中手忙脚乱，无法正常完成任何一种岗位的任务。此外，该坦克的射速还受到了弹药储存位置的影响。在 77 枚主炮弹中，只有 9 枚被存放在炮塔和车体内的弹药架上，其他炮弹则被存放在用氯丁橡胶垫（即战斗室地板）覆盖的弹药箱内，很难正常取用。在需要大量弹药的战斗中，装弹手将被迫在凌乱中疯狂忙碌，身边是一大堆打开的弹药箱和掀起的垫子，而且主炮每开一炮，就会有炽热的弹壳掉到地板上。按照 1941 年的标准，76.2 毫米（3 英寸）L-11 型火炮是一种高效的武器，至于威力更大的 76.2 毫米（3 英寸）F-34 型已经准备好投产，但昏庸的库利克元帅却擅自插手，搅乱了一切。T-34 1940 型的战斗经验表明，这种车辆急需改进——由此催生了 T-34 1941 型，该型坦克安装有 1 座新式焊接炮塔和 F-34 型火炮。

尽管坦克手都喜欢 T-34 的强大火力，但对某些问题仍颇有微词，例如质量低劣的瞄准镜和潜望镜。至于最糟糕的也许是向前开启的炮塔舱门——它过于沉重，

T-34 1941 型
对于 T-34 坦克来说，一个致命的问题是车组人员在关闭舱盖后的视野不佳——德国步兵很快就学会了利用 T-34 的众多盲区，在炮塔后下方塞进炸药或安装定时引信的反坦克地雷。这两种方法都足以掀飞 T-34 坦克的炮塔——一种只有 88 毫米炮可以达成的"壮举"。

T-34 1941 型

乘员：4

生产时间：1940—1941 年

重量：28.12 吨

长度：6.68 米（21 英尺 11 英寸）

宽度：3 米（9 英尺 10 英寸）

高度：2.42 米（7 英尺 10 英寸）

装甲：15—45 毫米（0.59—1.77 英寸）

发动机：373 千瓦（500 马力）V-2-34 型柴油机

公路行驶速度：55 千米／时（34 英里／时）

续航力：300 千米（186 英里）

武器装备：1 门 76.2 毫米（3 英寸）L-11 型 30.5 倍径主炮，2 挺 7.62 毫米（0.3 英寸）DT 机枪（1 挺为同轴机枪，1 挺位于车体正面）

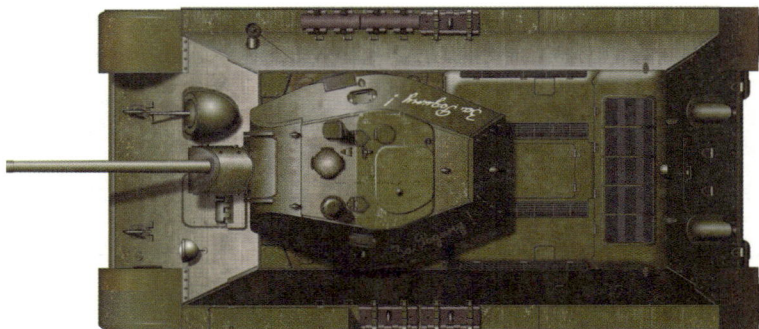

T-34，斯大林格勒拖拉机厂制造

1941 年和 1942 年，由于橡胶严重短缺，很多工厂被迫采用简化的全钢负重轮，其外缘材料为高弹性钢。由于全钢负重轮在高速行驶时振动严重，容易引发机械故障，因此在橡胶供应情况改善之后，很多 T-34 坦克改为两种负重轮混合使用，最常见的配置是第 1 对和第 5 对负重轮为挂胶式，其余负重轮为全钢式。

T-34 1942 型

乘员:4

生产时间:1942—1943 年

重量:28.5 吨

长度:6.68 米（21 英尺 11 英寸）

宽度:3 米（9 英尺 10 英寸）

高度:2.42 米（7 英尺 10 英寸）

装甲:20—70 毫米（0.79—2.76 英寸）

发动机:373 千瓦（500 马力）V-2-34 型柴油机

公路行驶速度:55 千米 / 时（34 英里 / 时）

续航力:300 千米（186 英里）

武器装备:1 门 76.2 毫米（3 英寸）F-34 型 40.5 倍径主炮，2 挺 7.62 毫米（0.3 英寸）DT 机枪（1 挺为同轴机枪，1 挺位于车体正面）

T-34 1943 型

1943 型 T-34 增加了数个 90 升（20 加仑）圆柱形副油箱，从而提高了作战半径——这种油箱也是战争后期大部分苏军装甲车辆的标准配置。

T-34 1943 型

乘员:4	装甲:20—70 毫米（0.79—2.76 英寸）
生产时间:1943—1944 年	发动机:373 千瓦（500 马力）V-2-34 型柴油机
重量:30.9 吨	公路行驶速度:55 千米 / 时（34 英里 / 时）
长度:6.68 米（21 英尺 11 英寸）	续航力:300 千米（186 英里）
宽度:3 米（9 英尺 10 英寸）	武器装备:1 门 76.2 毫米（3 英寸）F-34 型 40.5 倍径主炮，2 挺
高度:2.42 米（7 英尺 10 英寸）	7.62 毫米（0.3 英寸）DT 机枪（1 挺为同轴机枪，1 挺位于车体正面）

而且容易卡住。就算舱门可以打开，它也会挡住车长的前方视野，此时，他只能从舱门侧面探出身来，并沦为狙击手的首选目标。

到 1942 年，一切已经显而易见，T-34 狭小的双人炮塔实在需要改进。但上级拒绝了理想的解决方案：安装大型三人炮塔，因为它太复杂了，可能会中断生产，而前线又经不起这种拖延。作为应急措施，设计师们推出了一种新式双人炮塔，并为装弹手和车长各设置了一个舱口。另外，在关闭舱门后，车长的视野同样非常有限，也正是因此，后来的 1943 型为车长指挥塔安装了一部 360 度周视潜望镜。

于 1944 年投入使用的 T-34-85 坦克配备有 85 毫米（3.35 英寸）主炮，极大地提升了火力，能在正常交战距离摧毁豹式和虎式坦克。而更强的主炮也需要更大的炮塔——针对该需求制造的新炮塔可以容纳 3 名车组人员（装弹手、炮手和指挥官），从而显著提高了战斗力。

尽管有种种不足，T-34 非常适合在恶劣环境下的大规模生产——尤其是在

1941 年德国入侵、苏联军事工业大规模疏散之后。其中一个例子是规模宏大的哈尔科夫坦克工厂，它后来搬迁至乌拉尔山区——该厂的最后一批物资于 10 月 19 日从哈尔科夫出发，12 月 8 日，第一批共 25 辆在最原始条件下完工的 T-34 便离开了新厂址。到战争结束时，苏联一共生产了 34900 多辆 T-34 和 18650 辆 T-34-85。

T-34-85，1945 年，柏林
1944 年和 1945 年，在攻入欧洲中部的城市化地区时，苏军装甲部队遭遇了大量装备"铁拳"和"战车噩梦"反坦克火箭筒的德军步兵，并因此蒙受了巨大损失。由于"铁拳射手"的威胁越发严重，很多部队都为车辆安装了简易屏蔽装甲，以此试图加强防护。本图中的坦克便安装有一套典型的"装甲"——它们可能用床垫铁丝网制成，并焊接在车体和炮塔两侧。

T-34-85 1944 型

乘员：5	装甲：20—90 毫米（0.79—3.54 英寸）
生产时间：1944—1945 年	发动机：373 千瓦（500 马力）V-2-34 型柴油机
重量：32 吨	公路行驶速度：55 千米 / 时（34 英里 / 时）
长度：8.15 米（26 英尺 8 英寸）	续航力：350 千米（217 英里）
宽度：3 米（9 英尺 10 英寸）	武器装备：1 门 85 毫米（3.35 英寸）ZiS-S-53 型 51.5 倍径主炮，2 挺 7.62 毫米（0.3 英寸）DT 机枪
高度：2.6 米（8 英尺 6 英寸）	

T-35 重型坦克

　　苏联对 T-35 多炮塔重型坦克的研究始于 1930 年，其第一辆原型车于 1932 年 7 月完成。T-35 配备了 1 座安装 1 门 76.2 毫米（3 英寸）榴弹炮的主炮塔和 4 座副炮塔，其中 2 座安装的是 37 毫米（1.46 英寸）火炮，另外 2 座安装的是机枪。由于传动系统的问题，设计师们决定简化原始方案，并改良机械系统。1933 年，苏联工程师利用 T-28 的主炮塔和副炮塔完成了融合上述改进的新原型车，后者同样安装有 2 座副炮塔，其中各有 1 门 37 毫米（1.46 英寸）炮。在接下来的两年里，苏军完成了首批 20 辆的生产。之后交付的 T-35 被称为 1935 型,该型号放弃了 37 毫米(1.46 英寸)副炮塔——新的副炮塔尺寸更大,外观与 BT-5 坦克炮塔类似,每座都安装有 1 门 45 毫米(1.77 英寸)炮和 1 挺 DT 同轴机枪。最后一批 6 辆被称作"1938 型"①,在 1938 年和 1939 年完成,配有重新设计的倾斜装甲炮塔。

1935 年到 1940 年,大部分 T-35 均交付给驻莫斯科的独立重型坦克第 5 旅,主要承担检阅任务。1940 年之后,所有可用车辆被编入坦克第 34 师下属的坦克第 67 团和第 68 团,并隶属于基辅特别军区的机械化第 8 军。大部分 T-35 都在"巴巴罗萨"行动的最初阶段损失了,其中机械故障是主要原因。

T-35 1938 型
T-35 与更轻的 T-28 坦克采用了相同的发动机和传动装置,这导致它们终身都被机械故障困扰。这些问题在全重 49 吨的 1938 型上尤其严重,相对于之前的型号,该车的装甲更为厚重。

T-35 1936 型

乘员:11
生产时间:1935—1939 年
重量:45 吨
长度:9.72 米(31 英尺 10 英寸)
宽度:3.2 米(10 英尺 6 英寸)
高度:3.43 米(11 英尺 4 英寸)

装甲:11—30 毫米(0.43—1.18 英寸)
发动机:373 千瓦(500 马力)M-17M 型汽油机
公路行驶速度:30 千米 / 时(19 英里 / 时)
续航力:150 千米(93 英里)
武器装备:1 门 76.2 毫米(3 英寸)1927/32 型主炮,2 门 45 毫米(1.77 英寸)20K 1932 型副炮,2 挺 7.62 毫米(0.3 英寸)DT 机枪②

---

① 译者注:原文如此,应为"1939 型"——相关情况可参见马克西姆·科洛米茨撰写的《斯大林的陆地战舰》(*Сухопутные линкоры Сталина*)一书。
② 译者注:原文如此,应为 5 挺 DT 机枪。

SMK 和 T-100

1938 年，苏军要求设计一种 5 个炮塔的"反坦克炮克星"，其装甲应在任何距离对 37 毫米（1.46 英寸）和 45 毫米（1.77 英寸）炮弹免疫，并可以抵御 76.2 毫米（3 英寸）远程火炮在 1200 米（3940 英尺）外的射击。参与该项目的两个设计团队都反对五炮塔设计，并在正式工作开始前选择了三炮塔方案。按照传说，当斯大林看到这两种坦克的模型时，他立刻从一个模型上拧下一座炮塔，开玩笑说："你们想在坦克里开百货商店么？"然后，斯大林命令建造只有两个炮塔的原型车。

这两种坦克的完成品非常相似，主炮塔与副炮塔均呈背负式配置。主炮塔内有 1 门 76.2 毫米（3 英寸）L-11 型主炮和 1 挺同轴 DT 机枪，副炮塔位于前方，并配有 1 门 45 毫米（1.77 英寸）炮和 1 挺同轴 DT 机枪。T-100 的装甲比 SMK 的装甲更厚 [最大厚度为 70 毫米（2.75 英寸），而 SMK 的装甲厚度为 60 毫米（2.36 英寸）][1]，但性能几乎没有差异。

这两种型号的 4 辆原型车（每种 2 辆）加入了重型坦克第 20 旅下属的坦克第 91 营[2]，前往芬兰接受实战检验。1939 年 12 月，它们参加了对苏玛（Summa）村附近曼纳海姆防线（Mannerheim Line）的攻击。和预想一样，37 毫米（1.46 英寸）反坦克炮对它们几乎不起作用，但 1 辆 SMK 坦克被芬兰反坦克地雷击毁——这些地雷都加大了 TNT 装药量，以提升杀伤力。

SMK 和 T-100 的发展至此画上句号，但在之前，工程师们还推出过 SMK 坦克的单炮塔版本。该版本同样制造了两部原型车。这两部原型车被命名为"克莱门特·伏罗希洛夫"（Kliment Voroshilov，KV），它们赶在苏芬战争期间及时完工，并和 SMK 与 T-100 一起投入前线。其作战表现比双炮塔坦克更为优秀，并获准以 KV-1 的编号批量生产。

KV 重型坦克

凭借厚达 90 毫米（3.54 英寸）的装甲，在 1940 年和 1941 年，早期型

---

① 译者注：原文如此，此处有误，事实上，SMK 坦克的装甲更厚，车体前装甲厚度为 75 毫米，而 T-100 的装甲最大厚度为 60 毫米——参见马克西姆·科洛米茨撰写的《红军的多炮塔坦克》（*Многобашенные танки РККА*）第 2 卷。

② 译者注：原文如此，此处有误，应为坦克第 90 营——参见拜尔·伊林切耶夫（Bair Irincheev）撰写的《苏芬战争 1939—1940》（*War of the White Death: Finland Against the Soviet Union, 1939—40*）一书。

KV-1 坦克几乎在战场上所向披靡。不过，它们的机动性较差，驾驶员视野狭窄，操纵设备也很不可靠——一旦卡死，就需要用锤子猛敲。该系列坦克的离合器也很脆弱，加上设计陈旧的变速装置（可以追溯到 20 年前），导致它们的故障率始终居高不下。

1940 年，苏联开始批量生产 KV-1 坦克，但速度缓慢。在德国入侵苏联时，苏军仅列装了约 500 辆 KV-1——这些坦克被分散配置在一些机械化军（一共 30 个）中。其中一些机械化军根本没有收到这种坦克，不过西部特别军区的 6 个军一共列装了 313 辆 KV-1（其中大部分都在战斗的前两个月损失殆尽）。

1941 年夏天，有些单枪匹马的 KV-1 仍会给势如破竹的德军造成重大损失。下面这次行动有很多说法，但这种似乎最为可信：在立陶宛的拉塞尼艾（Raseiniai）附近，一辆 KV-1 被切断退路，它挡在德军第 6 装甲师的补给线上，独自阻挡了该师整整 24 小时。其间，德军调来 4 门 50 毫米反坦克炮，数次击中该车，但没有起任何作用，不久便被目标的还击火力打哑。来自师高射炮营的 1 门 88 毫米（3.4 英寸）高射炮

KV-1 1939 型
KV-1 1939 型的最主要特征是安装 76.2 毫米（3 英寸）L-11 型主炮的炮塔。

KV-1 1939 型

乘员：5
生产时间：1939—1940 年
重量：43 吨
长度：6.75 米（22 英尺 2 英寸）
宽度：3.32 米（10 英尺 10 英寸）
高度：2.71 米（8 英尺 9 英寸）
装甲：25—90 毫米（0.98—3.54 英寸）

发动机：450 千瓦（600 马力）V-2 型柴油机
公路行驶速度：35 千米 / 时（22 英里 / 时）
续航力：160 千米（99 英里）
武器装备：1 门 76.2 毫米（3 英寸）L-11 型 32 倍口径主炮，3 挺 7.62 毫米（0.3 英寸）DT 机枪（1 挺为同轴机枪，1 挺位于炮塔后部，1 挺位于车体正面）

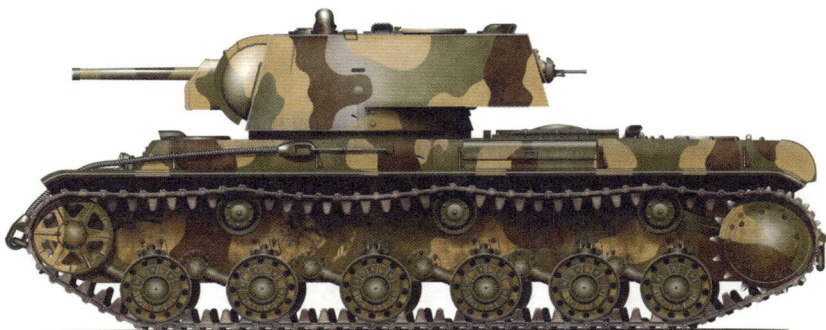

KV-1 1940 型
该坦克采用了绿色、棕色和沙色迷彩——这种迷彩常见于 1942 年春天列宁格勒前线的装甲车辆上，因为当地的战线相对稳定。

KV-1 1940 型

乘员:5
生产时间:1940—1941 年
重量:45 吨
长度:6.75 米（22 英尺 2 英寸）
宽度:3.32 米（10 英尺 10 英寸）
高度:2.71 米（8 英尺 9 英寸）
装甲:25—75 毫米（0.98—2.95 英寸）

发动机:450 千瓦（600 马力）V-2 型柴油机
公路行驶速度:35 千米 / 时（22 英里 / 时）
续航力:335 千米（208 英里）
武器装备:1 门 76.2 毫米（3 英寸）L-11 型 32 倍径主炮或 1 门 76.2 毫米 F-32 型主炮，3 挺 7.62 毫米（0.3 英寸）DT 机枪（1 挺为同轴机枪，1 挺位于炮塔后部，1 挺位于车体正面）

随后迂回到 KV 坦克后方，但还没来得及开火就被摧毁了。入夜之后，德军战斗工兵用高爆炸药发起攻击，但只损坏了坦克的履带和行走装置。第二天早上，几辆德国坦克从周围的森林开火，以分散这辆 KV 的注意力，而另一门 88 毫米（3.4 英寸）炮则悄然来到它的后方。这一次，88 炮的炮弹至少 2 次击穿了装甲，但当德国步兵靠近，试图确认情况时，他们遭到了机枪的攻击。这些步兵从后方匍匐靠近，爬上发动机盖板并向舱口内投掷手榴弹，才最终完全摧毁了这辆坦克。

虽然 KV-1 的装甲防护令人印象深刻，但火力却备受批评。当 T-34 安装更高初速的 F-34 火炮时，苏军却继续为 KV-1 装备性能更差的 L-11 型。直到一段时间之后，装备 F-32 型主炮的 KV-1 1940 型才问世，但 F-32 型主炮的穿甲能力较 L-11 型改进不大。直到在 1941 型（以及与该型号非常接近的

KV-1 1941 型

1941 型有一个铸造炮塔，标准的单色伪装，并配有 F-34 火炮。

KV-1 1941 型

乘员:5
生产时间:1941—1942 年
重量:45 吨
长度:6.75 米（22 英尺 2 英寸）
宽度:3.32 米（10 英尺 10 英寸）
高度:2.71 米（8 英尺 9 英寸）
装甲:30—90 毫米（1.18—3.54 英寸）

发动机:450 千瓦（600 马力）V-2 型柴油机
公路行驶速度:35 千米 / 时（22 英里 / 时）
续航力:335 千米（208 英里）
武器装备:1 门 76.2 毫米（3 英寸）F-34 型火炮，3 挺 7.62 毫米（0.3 英寸）DT 机枪（1 挺为同轴机枪，1 挺位于炮塔后部，1 挺位于车体正面）

1942 型）上，KV-1 才换装了 F-34 型火炮。

在加强火力的同时，苏军还在采取措施，确保 KV-1 坦克的装甲足以抵御日益强大的德国坦克炮和反坦克炮。早期的做法主要是安装附加装甲，即在车体上用螺栓固定 35 毫米（1.38 英寸）的装甲板，这种改型被称作 KV-1E。在军工业完成大规模疏散后，KV-1 的产量回升，其间生产的 1942 型加厚了车体和炮塔装甲（分别为 90 毫米 /3.54 英寸和 120 毫米 /4.72 英寸）。

尽管这种改进深受欢迎，但超重却加剧了 KV 坦克的机动性问题。近卫坦克第 1 旅的旅长卡图科夫将军报告说："T-34……在战场上证明了自己。但士兵们不喜欢 KV。它很重、很笨，而且不太灵活。它难以翻越障碍，经常压垮桥梁，或是酿成其他事故。更重要的是，它配备的 76.2 毫米火炮与 T-34 完全相同。这就产生了一个问题——与 T-34 相比，它究竟好在哪里？如果 KV 的主炮威力更强或者口径更大，我们才能接受它的缺点（比如重量）。"

为给坦克减重，提高全车的机动性，设计师们决定削弱非要害部位的装甲，并对传动系统进行久违的改进。此外，他们还趁势重新设计了炮塔，增添了拥有 360 度视野的车长指挥塔，并改善了车辆的乘员座位。改进后的产品名为 KV-1S，它确实消除了某些问题，但相对于 T-34，这种重型坦克的防护或武装并无优势。

作为临时火力提升方案，苏军还使用 KV-1S 车体制造了一批名为 "KV-85" 的坦克，其新式炮塔配有准备在 "斯大林 -1" 坦克上使用的 85 毫米炮。到 1943 年年末，该坦克一共生产了近 150 辆。

KV 系列的一个独特成员是 KV-2 "重炮坦克"，该坦克于 1939 年年底开发，是一种仓促上马的 "碉堡破坏者"，目的是摧毁芬兰 "曼纳海姆防线" 上的防御工事。经过权衡取舍，苏军最终为它安装了 1 座巨大的箱式炮塔，其中有 1 门 152 毫米（5.98

KV-1 1942 型
这辆 KV-1 1942 型拥有新式铸造炮塔和 P-40 型高射机枪支架，而且支架上安装有 1 挺 DT 机枪。

KV-1 1942 型

乘员:5
生产时间:1942 年
重量:47 吨
长度:6.75 米（22 英尺 2 英寸）
宽度:3.32 米（10 英尺 10 英寸）
高度:2.71 米（8 英尺 9 英寸）
装甲:30—120 毫米（1.18—4.72 英寸）

发动机:450 千瓦（600 马力）V-2 柴油机
公路行驶速度:28 千米 / 时（17 英里 / 时）
续航力:250 千米（155 英里）
武器装备:1 门 76.2 毫米（3 英寸）F-34 型或 ZiS-5 型 40.5 倍径主炮，4 挺 7.62 毫米（0.3 英寸）DT 机枪（1 挺为同轴机枪，1 挺位于炮塔后部，1 挺位于炮塔顶部，1 挺位于车体正面）

KV-1S

有些 KV 重型坦克被 JSU-122 和 JSU-152 自行火炮单位用作指挥车，并一直使用到战争结束。

KV-1S

乘员:5
生产时间:1942—1943 年
重量:42.5 吨
长度:6.8 米（22 英尺 4 英寸）
宽度:3.25 米（10 英尺 8 英寸）
高度:2.64 米（8 英尺 8 英寸）
装甲:20—82 毫米（0.79—3.2 英寸）

发动机:485 千瓦（650 马力）V-2K 型 12 缸柴油机
公路行驶速度:43 千米 / 时（26 英里 / 时）
续航力:250 千米（155 英里）
武器装备:1 门 76.2 毫米（3 英寸）ZiS-5 型主炮，4 挺 7.62 毫米（0.3 英寸）DT 机枪（1 挺为同轴机枪，1 挺位于炮塔后部，1 挺位于炮塔顶部，1 挺位于车体正面）

KV-1S，近卫坦克第 6 团，1943 年

这样的照片经常出现在苏军的战时宣传中，图中可以看到该团的团旗。近卫坦克第 6 团是 1942 年 10 月成立的首批近卫坦克团之一，并于 1942 年年底在斯大林格勒附近首次投入战斗。

KV-2

1941 年夏季，一辆配备预生产型炮塔的 KV-2 坦克，来自机械化第 3 军下属的坦克第 2 师。罗科索夫斯基元帅回忆说："这些坦克经受住了每种德军坦克炮的射击。从战场上返回时，景象让人无比震撼——它们的装甲上到处都是浅坑，有的甚至连炮管都被打穿。"

KV-2 1939 型

乘员:5
生产时间:1939—1940 年
重量:52 吨
长度:6.95 米（22 英尺 10 英寸）
宽度:3.32 米（10 英尺 10 英寸）
高度:3.25 米（10 英尺 8 英寸）

装甲:30—110 毫米（1.18—4.3 英寸）
发动机:373 千瓦（500 马力）V-2 型柴油机
公路行驶速度:25 千米 / 时（12 英里 / 时）
续航力:200 千米（120 英里）
武器装备:1 门 152 毫米（6 英寸）M-10T 型榴弹炮，2 挺 7.62 毫米（0.3 英寸）DT 机枪（1 挺位于车体正面,1 挺位于炮塔后部）

英寸）榴弹炮和 2 挺 DT 机枪,同时沿用了标准的 KV-1 车体。2 辆原型车很快完成,并被送往卡累利阿地峡测试,结果非常成功。

　　KV-2 随即批量投产,但在 1941 年夏天,它们的表现却乏善可陈。该型号火力惊人,而且对 88 毫米（3.4 英寸）以下的火炮几乎免疫,但巨大的炮塔使坦克重量增加到至少 52 吨,相比之下,KV-1 坦克的重量只有 45 吨。该坦克的传动系统与KV-1 完全相同,原本就问题丛生,更无法承受额外的重量,并导致故障率居高不下。另外,KV-2 的炮塔旋转机构同样有不堪重负的问题。有些报告显示,哪怕在非常平缓的斜坡上,KV-2 的炮塔都无法转动。祸不单行的是,152 毫米（5.98 英寸）榴弹炮的后坐力还经常让炮塔卡死。KV-2 仅生产了 200 多辆——受制于各种问题,该型号最终在 1941 年 10 月停产。

"约瑟夫·斯大林"系列重型坦克

"斯大林"系列坦克是苏军重型坦克发展的顶峰，其源头可以追溯到 1938 年的 SMK 设计。"斯大林 -1"坦克使用了与 KV-85 相同的炮塔，但拥有全新的车体，装甲防护也比 KV 系列坦克更为优秀。该型号由新式的 V2-IS 12 缸柴油机驱动，提高了动力系统的可靠性。1943 年 10 月至 1944 年 1 月，苏军一共完成了 200 多辆"斯大林 -1"，随后开始转产更强大的"斯大林 -2"。

1943 年年末，显而易见，为了对付在东线越发常见的豹式和虎式坦克，苏军需要一种比 85 毫米（3.35 英寸）炮更强大的武器。为了替代 85 毫米（3.35 英寸）炮，他们曾考虑过 100 毫米（3.94 英寸）炮和 122 毫米（4.8 英寸）炮两种选项。尽管 100 毫米（3.94 英寸）炮穿甲性能更好，但新式的"斯大林 -2"坦克还是采用了 122 毫米（4.8 英寸）炮，因为该型火炮数量充足，而且生产设施更多。

早期生产的"斯大林 -2"坦克配备了 122 毫米（4.8 英寸）A-19 型火炮。该火炮采用了动作迟缓的间断式螺旋炮闩机构，以及沉重的分装式弹药，射速只有不

"斯大林 -1"

1943 年秋，乌克兰，近卫重型坦克第 1 团的一辆"斯大林 -1"。在德军新式坦克出现后，苏军在作战中发现，"斯大林 -1"的主炮几乎无法击穿敌人的厚重装甲，并决定用"斯大林 -2"加以取代。

"斯大林 -1"

乘员:4
生产时间:1943—1944 年
重量:44.2 吨
长度:8.56 米（28 英尺 1 英寸）
宽度:3 米（9 英尺 10 英寸）
高度:2.74 米（9 英尺）
装甲:30—120 毫米（1.18—4.72 英寸）

发动机:473 千瓦（600 马力）V-2-IS 型 12 缸柴油机
公路行驶速度:37 千米 / 时（23 英里 / 时）
续航力:150 千米（93 英里）
武器装备:1 门 85 毫米（3.35 英寸）D-5T 型 51.6 倍径主炮，3 挺 7.62 毫米（0.3 英寸）DT 机枪（1 挺为同轴机枪，1 挺位于炮塔后部，1 挺位于车体正面）

"斯大林 −2"

在进攻柏林期间，"斯大林 −2"经常以 5 辆为一组，在 1 个步兵连（包括工兵和喷火器）的支援下投入战斗。在激烈的巷战中，至少有 67 辆"斯大林 −2"被击毁，其中最主要的原因是"铁拳"火箭筒。

"斯大林 −2"

乘员:4
生产时间:1943—1945 年
重量:46 吨
长度:9.9 米（32 英尺 6 英寸）
宽度:3.09 米（10 英尺 2 英寸）
高度:2.73 米（8 英尺 11 英寸）
装甲:30—120 毫米(1.18—4.72 英寸）

发动机:473 千瓦（600 马力）V-2-IS 型 12 缸柴油机
公路行驶速度:37 千米／时（23 英里／时）
续航力:240 千米（149 英里）
武器装备:1 门 122 毫米（4.8 英寸）A-19 型或 D-25T 型 48 倍径主炮，2 挺 7.62 毫米（0.3 英寸）DT 机枪（1 挺为同轴机枪，1 挺位于炮塔后部），有时炮塔顶部还额外配有 1 挺 12.7 毫米（0.5 英寸）DShK 机枪

到每分钟 2 发。还有一个问题在于炮塔空间十分拥挤，这导致坦克的载弹量只有 28 发（通常是 20 发高爆弹和 8 发穿甲弹）。但一个不争的事实是，"斯大林 -2"坦克的主炮威力巨大，在对缴获豹式坦克的实验中，其炮弹不仅击穿了正面装甲，还将整个车身打了个对穿。另外，"斯大林 -2"坦克的车体前部采用了类似 KV 系列的设计，但在外形经过精心优化后，其抗弹性能得以改善。

1944 年，"斯大林 -2"坦克的改进型问世，有时也被称为 1944 型。该型号在车长指挥塔上安装有 1 挺 12.7 毫米（0.5 英寸）DShK 防空机枪，并换装了 D-25T 型 122 毫米（4.8 英寸）主炮，该火炮安装有半自动炮闩，提升了操作速度，使其实战射速上升到了每分钟 3 发。车体的装甲防护也有所改进，前装甲厚 100 毫米（3.94 英寸），倾斜角为 60 度。

最初，车组人员对"斯大林 -2"坦克持批评态度，因为他们认为其穿甲弹无法在 700 米（2300 英尺）外击穿豹式坦克的前装甲。颇为讽刺的是，在有些情况下，

反倒是高爆弹用处更大，因为爆炸通常会卡死炮塔、炸碎瞄准设备或炸断履带。随着乘员经验日渐丰富，他们逐渐找到了反坦克的窍门。另外，这还要感谢德国装甲质量的下降，随着锰越发短缺，德制装甲变得越发脆弱。

到 1945 年，苏军一共完成了 3800 辆"斯大林 -2"坦克，随后开始为生产"斯大林 -3"做准备。

喷火坦克

苏军的第一种喷火坦克是 1932 年服役的 OT-26，该坦克改装自 T-26 1931 型，左侧炮塔被拆除，其车体下半部分安装有 1 个 400 升（88 加仑）的喷火油料箱和 3 个压缩空气气缸。喷火油料通过软管输送到改装过的右侧炮塔中——其中有 1 具 KS-24 型火焰喷射器，以及 1 挺安装在球形机枪座上的 DT 机枪。试验表明，该车的炮塔水平旋转范围不能超过 270 度，否则软管就会打结和损坏。除此之外，整个系统运行良好，可持续多次喷射 5 秒，最大射程约为 35 米（115 英尺）。

OT-130 和 OT-133

在 OT-130 喷火坦克于 1938 年投产之前，苏军共制造了大约 600 辆 OT-26。新型号主要以 T-26 1933 型改建而来，并用 KS-24 型火焰喷射器取代了 45 毫米（1.77 英寸）火炮。稍后生产的 OT-130 配备了新式的 KS-25 型火焰喷射器，喷火油料搭载量为 360 升（80 加仑），最大射程为 50 米（164 英尺），每次喷射可持续 6 秒，最多喷射 40 次 [还有一些可能配备了更强大的空气压缩设备，将最大射程提升到了 100 米（328 英尺）]。OT-130 一共生产了 400 辆，最终在 1939 年停产。

T-26 喷火型的最终版本是 OT-133 和 OT-134，两者都改装自 T-26 1939 型。OT-133 的武器布局与 OT-130 相同，都配有 1 具 KS-25 型火焰喷射器和 1 挺同轴 DT 机枪。OT-134 则保留了 45 毫米（1.77 英寸）主炮，火焰喷射器被固定在车体前方，位于驾驶员战位旁。

上述坦克都很容易受损，甚至无法抵御轻型反坦克武器。这些问题首先在 1939 年夏天的诺门罕对日冲突中暴露出来，但严重性远无法和"冬季战争"时的情况相比。苏军在芬兰投入了超过 440 辆喷火坦克，其中 124 辆被击毁，而且大部分都不可修复。当年的战斗报告指出"……喷火油料一旦起火就无法熄灭，坦克经常燃烧长达

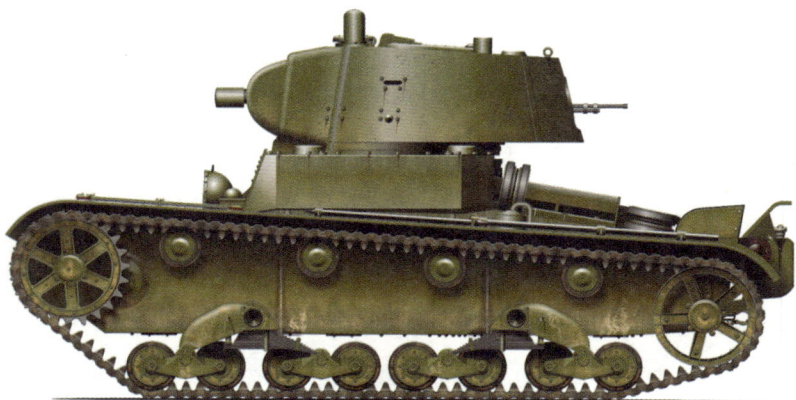

OT-133

OT-133 喷火坦克装甲薄弱，战场生存性极差，而且喷火距离近——只有抵近至 35 米（115 英尺）以内才有可能击中目标。

OT-133

乘员：3
生产时间：1938—1940 年
重量：9.75 吨
长度：4.55 米（14 英尺 11 英寸）
宽度：2.31 米（7 英尺 7 英寸）
高度：2.31 米（7 英尺 7 英寸）

装甲：6—15 毫米（0.24—0.59 英寸）
发动机：67 千瓦（90 马力）4 缸汽油机
公路行驶速度：35 千米 / 时（22 英里 / 时）
续航力：220 千米（140 英里）
武器装备：1 具短管喷火器；1 挺 7.62 毫米（0.3 英寸）DT 机枪，位于炮塔后部

15 到 20 小时，它是如此炽热，甚至会烧断和熔化车体"。

　　许多幸存的 T-26 喷火坦克都在"巴巴罗萨"行动的最初几个月损失了，有些残余车辆投入了列宁格勒保卫战，并在 1944 年之前消耗殆尽。

OT-34

　　在 1941 年的绝望防御中，喷火坦克几乎没有用武之地。但在 1942 年，苏军对它们产生了新的需求，并开发了新式火焰喷射器——ATO-41。该设备主要安装在 T-34 坦克上，并替换了车体机枪，由此产生的型号被称为 OT-34。由于额外安装有 100 升（22 加仑）喷火油料箱，这些 OT-34 的战斗室比普通 T-34 的战斗室更为局促。有些 KV-1 则拆下 76.2 毫米（3 英寸）主炮，改用火焰喷射器，并被称为 KV-8。这些坦克还配备了带假炮管的 45 毫米（1.77 英寸）同轴火炮，以冒充 76.2 毫米（3 英寸）主炮。

苏军在战时使用的最后一种车载火焰喷射器是 ATO-42。这种武器的安装方式与 ATO-41 相同，主要在 T-34、T-34-85 和 KV-1S 等车型上使用。该火焰喷射器能进行 4—5 次长达 10 秒的火焰连射，理论最大射程为 120 米（394 英尺），实际有效射程约为 60 米（197 英尺）。

SU-76 自行火炮

1942 年年初，苏军开始设计一种安装 76.2 毫米（3 英寸）ZiS-3 型主炮的轻型自行火炮。该自行火炮原定使用 T-60 轻型坦克的车体，但不久之后，设计师决定改用更宽大的 T-70 坦克车体。但讽刺的是，于 1943 年年初服役的第一批量产型使用了早期 T-70 的动力系统——2 台 GAZ-202 型卡车发动机，车体两侧各 1 台，每台发动机都通过 1 套互不联动的传动装置带动 1 条履带。

SU-76i

SU-76i 的设计在很多方面都比 SU-76 和 SU-76M 更优秀，当然也更受车组人员欢迎。

SU-76i

乘员：4
生产时间：1943 年
重量：23.9 吨
车身长度：6.77 米（22 英尺 2 英寸）
宽度：2.95 米（9 英尺 8 英寸）
高度：2.42 米（7 英尺 10 英寸）

装甲：15—35 毫米（0.59—1.38 英寸）①
发动机：223.5 千瓦（300 马力）12 缸迈巴赫汽油发动机
公路行驶速度：40 千米 / 时（25 英里 / 时）
续航力：180 千米（112 英里）
武器装备：1 门 76.2 毫米（3 英寸）S-1 型火炮

---

① 译者注：此处有误，SU-76I 的车体正面装甲可以达到 50 毫米。

SU-76M

承担间接火力支援任务时，SU-76M 的 ZiS-3 主炮最大射程为 13000 米（42650 英尺）。SU-76 问题缠身，令车组给它们起了一个绰号——"婊子"（Suka），这一绰号后来也被 SU-76M 继承。

SU-76M

乘员:4

生产时间:1943—1945 年

重量:10.2 吨

长度:4.88 米（16 英尺 5 英寸）

宽度:2.7 米（8 英尺 10 英寸）

高度:2.08 米（6 英尺 10 英寸）

装甲:16—35 毫米（0.59—1.38 英寸）

发动机:2 台 63.4 千瓦（85 马力）GAZ 203 型汽油机

公路行驶速度:45 千米 / 时（28 英里 / 时）

续航力:320 千米（199 英里）

武器装备:1 门 76.2 毫米（3 英寸）ZiS-3Sh 型 42.6 倍径主炮

　　事实上，这种荒唐的设计早在近一年前 T-70M 问世时便被抛弃了，可即使如此，工厂仍然生产了 360 辆"问题产品"。在车组人员的强烈抗议下，其生产最终取消，整个设计也被推翻重来。

　　SU-76 的机械问题是如此严重，以至于必须撤装，并给前线的需求留下了一个缺口。有鉴于此，苏军改装了 200 辆缴获的三号坦克和三号突击炮，并将其称作

SU-76i（其中"i"代表"Inostrannaya"，外国）。这些车辆配备了全新的封闭式战斗室和1门76.2毫米（3英寸）S-1型坦克炮（是T-34坦克上F-34主炮的简单改进版），在前线服役到1944年年初才被SU-76M取代。

SU-76M采用了T-70M坦克的发动机和传动系统布局，显著改善了机动性和机械可靠性。但由于战斗室改为敞开式，它并不像SU-76i那样受车组欢迎：在苏联的严酷冬季，车组头顶只有一层帆布提供遮盖，空爆炮弹和巷战中的手榴弹则会随时威胁到他们的生命安全。

SU-76M的装甲极为薄弱，完全无法抵御德军的坦克炮和反坦克炮。这个问题尤其致命，因为它们的主要任务是支援步兵、提供直射火力，很少进行间瞄射击。尽管缺点很多，但SU-76仍有火力强大（相对于车辆尺寸）和易于生产的优点。在1945年停产前，该型车辆共有14000辆下线。

SU-122

SU-122起源于苏军在1942年4月提出的一系列强击火炮需求。其最早的产品

SU-122
1943年冬，沃尔霍夫前线，一辆涂有雪地迷彩的 SU-122，车顶还有红色的对空识别标志，值得注意的是，这辆自行火炮的迷彩纹样十分精细。

SU-122

乘员:5
生产时间:1943年
重量:30.9吨
长度:6.95米（22英尺9英寸）
宽度:3米（9英尺10英寸）
高度:2.31米（7英尺7英寸）

装甲:20—45毫米（0.79—1.77英寸）
发动机:373千瓦（500马力）V-2柴油机
公路行驶速度:55千米/时（34英里/时）
续航力:300千米（186英里）
武器装备:1门122毫米（4.8英寸）M-30S型榴弹炮

SG-122

SG-122 拥有输弹槽等设备，主炮最大射速能达到 7 发 / 分，但当局仍然叫停了生产，以便为结构简单的 SU-122 让路。①

名为 SG-122，使用的是三号突击炮底盘，配有 1 门 122 毫米（4.8 英寸）M-30S 型榴弹炮。在 1942 年中期之前，SG-122 一共完成了大约 20 辆，由于结构过于复杂、维护难度大，其生产计划最终被取消。

同时，苏军还以 T-34 为基础开展了研究，并决定为该型底盘安装 122 毫米（4.8 英寸）榴弹炮。这种新车型——SU-122——于 1943 年年初服役，拥有全封闭式战斗室和倾斜的正面装甲，生存性能良好，其使用的 21.7 千克（47.84 磅）高爆弹则能胜任近距离支援任务。在 1944 年中期停产前，SU-122 的总量约为 1150 辆。

SU-85 和 SU-100 坦克歼击车

SU-85 是 SU-122 的衍生型号。1942 年 9 月，虎式坦克在东线登场，对于苏军来说，装备比 T-34 火力更强的装甲车辆成为当务之急。而 SU-122 的问世则为苏军推出安装 85 毫米（3.35 英寸）炮的自行火炮——SU-85——提供了理想基础。首辆 SU-85 于 1943 年 8 月交付作战单位，并显示出了优异的反坦克能力。在 1944 年中期、T-34-85 坦克登场前，该车已生产了超过 2000 辆。之后，工厂开始转产 SU-100，稍显过时的 SU-85 则被移交给苏军旗下的波兰和捷克单位。

---

① 译者注：此处有误，大部分 SG-122 都是由莫斯科的 592 工厂改装的，该工厂并没有 SU-122 的生产任务，因此不存在为后者让路的问题。一般认为，导致 SG-122 停产的原因有四点：1. 三号突击炮底盘数量不足；2.SG-122 存在越野性能不佳、车长任务繁重等问题；3.592 工厂生产能力有限，未能在短期内完成订单；4.SG-122 的替代品——SU-122 即将量产，继续生产 SG-122 已没有意义。

SU-85

Su-85 是一种优秀的坦克歼击车，而且非常适合大规模生产，因为其 80% 的部件都来自 T-34。

SU-85

乘员：5
生产时间：1943 年
重量：29.2 吨
长度：8.25 米（26 英尺 8 英寸）
宽度：3 米（9 英尺 10 英寸）
高度：2.45 米（8 英尺）

装甲：20—45 毫米（0.79—1.77 英寸）
发动机：373 千瓦（500 马力）V-2 柴油机
公路行驶速度：47 千米 / 时（29 英里 / 时）
续航力：300 千米（186 英里）
武器装备：1 门 85 毫米（3.35 英寸）D-5S 型火炮

SU-100

1945 年 7 月停产前，SU-100 的完成量已超过 2300 辆。该型号的使用寿命非常长——在苏军一线单位服役到 1957 年，还有部分在埃及军队麾下参加了 1973 年的"赎罪日战争"，直到 2016 年，其中一些还在朝鲜、越南和也门"发挥余热"。

SU-100

乘员：4
生产时间：1944—1945 年
重量：31.6 吨
长度：9.45 米（31 英尺）
宽度：3 米（9 英尺 10 英寸）
高度：2.25 米（7 英尺 5 英寸）

装甲：20—75 毫米（0.78—2.95 英寸）
发动机：373 千瓦（500 马力）V-2 柴油机
公路行驶速度：48 千米 / 时（30 英里 / 时）
续航力：320 千米（199 英里）
武器装备：1 门 100 毫米（3.94 英寸）D-10S 型 53.5 倍径火炮

SU-100 安装的 100 毫米（3.94 英寸）火炮反坦克能力出色,能在 2000 米（6560 英尺）距离上击穿 120 毫米（4.72 英寸）厚的装甲。其衍生型号更是被安装在了战后推出的 T-54 和 T-55 主战坦克上。另外，SU-100 还拥有 75 毫米（2.95 英寸）厚的倾斜前装甲，较 SU-85 的 45 毫米（1.77 英寸）厚的前装甲改善不少。

1944 年 9 月，SU-100 正式投产，并从次月开始列装部队。它们迅速成了一线部队的宠儿——因为它能轻松对付射程内除"虎王"坦克外的所有德国装甲车辆，但"虎王"这种难缠的对手在前线非常少见。1945 年 3 月，在匈牙利的巴拉顿湖附近，SU-100 在挫败德军的最后一轮攻势——"春醒"行动（Unternehmen Frühlingserwachen）——时立下了汗马功劳，还在东普鲁士、维斯瓦河—奥得河进攻行动和柏林战役中表现抢眼。

SU-152 和 JSU-152

1942 年 11 月，苏军提出了建造重型自行火炮的需求，并认为这种战车应装备 1 门 152.4 毫米（5.98 英寸）ML-20 型加榴炮。鉴于 KV-2 坦克故障频繁的教训，该自行火炮在设计之初便计划采用固定式主炮。

SU-152 就此诞生。它采用了 KV-1 坦克的底盘，拥有全封闭式战斗室，并在 1943 年 2 月投产。与原版火炮相比，SU-152 安装的 ML-20 加榴炮被略微改进了操作装置，并被安装了 1 具更大的炮口制退器，以减少后坐力——该型号也被重新命名为 ML-20S。除此之外，早期车辆安装的武器便只有用于近距离防御的 2 支 PPSh 冲锋枪和 25 枚 F1 手榴弹。从 1943 年年中起，新下线的 SU-152 安装有 DSHK 型 12.7 毫米（0.5 英寸）防空机枪。后来，维修车间也为早期车辆加装了这种武器。

SU-152 在库尔斯克战役中首次登场，并因为对抗虎式坦克、象式坦克歼击车[①]和豹式坦克时的表现赢得了"动物杀手"之名。然而这种出类拔萃的反坦克能力却让 SU-152 疲于奔命，许多车辆的机械状况快速恶化，并让后勤维修体系叫苦不迭。1943 年 12 月，SU-152 的生产在约 700 辆车竣工后停止，其中最后一批使用了 KV-1S 的底盘。从 1943 年 12 月开始，该车型逐渐被 JSU-152 取代。

---

① 译者注：原文如此，严格地说，该车应被称为"斐迪南"，因为象式坦克歼击车是在库尔斯克战役结束后，德国人对幸存"斐迪南"进行改进之后的产品。

SU-152

SU-152 发射的高爆弹重达 43.5 千克（95.9 磅），就算不能穿透虎式坦克的装甲，也足以凭借巨大的爆炸力掀飞它们的炮塔。

SU-152

乘员:5
生产时间:1943 年
重量:45.5 吨
长度:8.95 米（29 英尺 4 英寸）
宽度:3.25 米（10 英尺 8 英寸）
高度:2.45 米（8 英尺）

装甲:20—75 毫米（0.78—2.95 英寸）
公路行驶速度:43.5 千米 / 时（27 英里 / 时）
续航力:220 千米（137 英里）
武器装备:1 门 152.4 毫米（5.98 英寸）ML-20S 1938 型 29 倍径主炮，有时额外配有 1 挺 12.7 毫米（0.5 英寸）DShK 重机枪

JSU-152

1944 年 7 月至 8 月，参与利沃夫 – 桑多梅日（Lvov– Sandomierz）进攻行动的 1 辆 JSU-152，该车涂有罕见的四色迷彩。

JSU-152

乘员:4 或 5
生产时间:1943—1944 年
重量:46 吨
长度:9.18 米（30 英尺 1 英寸）
宽度:3.07 米（10 英尺 1 英寸）
高度:2.48 米（8 英尺 1 英寸）

发动机:447 千瓦（600 马力）V-2 柴油机
公路行驶速度:40 千米 / 时（25 英里 / 时）
续航力:220 千米（137 英里）
武器装备:1 门 152.4 毫米（5.98 英寸）ML-20S 1938 型 29 倍径主炮
装甲:30—120 毫米（1.18—4.72 英寸）

第一批 JSU-152 使用的是"斯大林 -1"坦克的车体，但不久即被采用"斯大林 -2"坦克车体的版本取代。每辆 JSU-152 都配有 1 挺 DSHK 12.7 毫米（0.5 英寸）防空机枪，而且还有比 SU-152 更厚的装甲——最大厚度为 120 毫米（4.72 英寸），而 SU-152 的只有 76.2 毫米（3 英寸）[①]。其配备的 152 毫米穿甲高爆弹重达 48.78 千克（107.5 磅），可以在 500 米（1640 英尺）外击穿 125 毫米（4.9 英寸）厚的装甲，在实际使用中，高爆弹在反坦克方面同样效果良好。

不可否认的是，JSU-152 和其前身一样拥有许多缺点，比如载弹量只有 20 发（通常是 13 发高爆弹和 7 发穿甲高爆弹），这让有些车组宁可冒险在引擎盖上多带一些弹药。JSU-152 很快便得到了部队的好评。虽然在曲射状态下，JSU-152 的 152.4 毫米（5.98 英寸）主炮的射程可以达到 7000 米（23000 英尺），但 JSU-152 很少执行远距离攻击任务。由于装甲厚重，加上载弹量不大，JSU-152 更适合提供近距离直接火力支援（其持续射速可以达到每分钟 2 发）。

JSU-152 持续生产到 1947 年，其总产量大约为 4600 辆，并在苏军中一直服役到 20 世纪 60 年代。

JSU-122 和 JSU-122S

在 JSU-152 自行火炮投产后，其使用的 152.4 毫米（5.98 英寸）炮迅速供不应求。但另一方面，后方的 122 毫米（4.8 英寸）A-19S 型火炮却大有富余。研究表明，A-19S 型火炮只要稍作改动就能安装在 JSU-152 的车体上，由此诞生的产品随即获得了 JSU-122 的编号，其第一批量产型在 1944 年 4 月下线。

作为一种坦克歼击车，JSU-122 可谓威力巨大，并且能在 1000 米（3280 英尺）外击穿 160 毫米（6.3 英寸）厚的装甲，但它并不如 JSU-152 受部队欢迎，因为它的高爆弹威力相对有限。另一个不受欢迎的设计是 A-19S 主炮——其后膛的开闭自动化水平极低，在发射分装式弹药时，射速只有不到每分钟 2 发，在这方面甚至不如 JSU-152。

为解决这个问题，苏军后来采用了 122 毫米（4.8 英寸）D-25 型火炮。该炮的

---

① 译者注：原文如此，应为 75 毫米。

JSU-122
1945 年 4 月，参与柏林战役的 JSU-122。

JSU-122

乘员:4 或 5

生产时间:1944—1945 年

重量:45.5 吨

长度:9.85 米（32 英尺 3 英寸）

宽度:3.07 米（10 英尺 1 英寸）

高度:2.48 米（8 英尺 1 英寸）

装甲:30—90 毫米（1.18—3.54 英寸）

发动机:447 千瓦（600 马力）V-2 柴油机

公路行驶速度:37 千米 / 时（23 英里 / 时）

续航力:220 千米（137 英里）

武器装备:1 门 122 毫米（4.8 英寸）A-19S 1931/37 型 46.5 倍径主炮，有时额外配有 1 挺 12.7 毫米（0.5 英寸）DShK 重机枪

炮膛为半自动式，将实际开火速度提高到了每分钟 2—3 发。另外，它还配备了能减少后坐力的炮口制退器，以及增大火炮水平射界的新式炮盾。这些采用 D-25 型火炮的车辆也被称作 JSU-122S。在 1945 年年末停产前，一共有 2410 辆两种型号的车辆竣工（1735 辆 JSU-122 和 675 辆 JSU-122S）。

苏军装甲车

战前，苏军把装甲车分为"轻型"和"重型"两类，但划分标准不是装甲车的重量，而是它们搭载的武器类型。轻型装甲车只有机枪，而重型装甲车则安装有 1 门 45 毫米（1.77 英寸）火炮。战前，苏军的主力装甲车是 BA-3/BA-6/BA-10 系列重型装甲车。所有车辆均为六轮四驱设计，并有 1 座与 T-26 类似的炮塔，炮塔内有 1 门 45 毫米（1.77 英寸）炮和 1 挺同轴 DT 机枪。另一挺 DT 机枪则安装在副驾驶战位的球形机枪座上。

早期的 BA-3 装甲车采用了福特—铁姆肯（Ford-Timken）底盘，即福特 AA 四轮两驱卡车的六轮四驱版，至于后续车辆（以及 BA-6 和 BA-10 型装甲车）则采用了 GAZ-AAA 底盘。该装甲车（以及 BA-6 和 BA-10）有一种新特征——后

BA-6

1941 年，西北方面军辖下、机械化第 12 军的一辆 BA-6。

BA-6 装甲车

乘员：4

生产时间：1936—1938 年

重量：5.1 吨

长度：4.65 米（15 英尺 3 英寸）

宽度：2.08 米（6 英尺 10 英寸）

高度：2.2 米（7 英尺 2 英寸）

装甲：20—75 毫米（0.78—2.95 英寸）[①]

发动机：30 千瓦（40 马力）GAZ-A 型汽油机

公路行驶速度：55 千米/时（34 英里/时）

续航力：200 千米（136.71 英里）

武器装备：1 门 45 毫米（1.77 英寸）20-K 型主炮，2 挺 7.62 毫米（0.3 英寸）DT 机枪（1 挺位于车体前方，1 挺为同轴机枪）

挡泥板上固定着履带，这些履带可以拆下并安装在后轮上，将车辆转换为半履带形态。这种转换只用大约 10 分钟就能完成，可以改善车辆的越野性能。尽管有上述别出心裁的设计，但服役测试表明，它们的越野表现仍然很糟糕——主要是超重让前部悬挂系统不堪重负。因这一缺陷，BA-3 只在 1933 年至 1935 年间完成了 180 辆。

1936 年，BA-6 装甲车投产，基本是 BA-3 的改进版。具体而言，该车型加固了悬挂系统，改善了发动机冷却性能。为减少轻武器火力和弹片损伤，BA-6 还安装了使用海绵橡胶的"防弹"轮胎，但此举也给车速和行程带来了不利影响。到 1939 年年末，BA-6 共完成了 386 辆。

---

① 译者注：此处有误，应为 3—8 毫米。

在此基础上，苏军还开发了采用倾斜装甲的 BA-6M，它们也是 BA-10 的母型。后者是苏联在战前阶段产量最大的装甲汽车：在 1938 年至 1941 年之间完成了 3300 多辆。

BA-6 和 BA-10 曾在西班牙内战、"冬季战争"和"巴巴罗萨"行动的初期阶段登场，在 1943 年仍有少量可用。

BA-64

1941 年中期，苏军发现他们在战前生产的轻型装甲车已显落后，而后便开始利用 GAZ-64 人员车的底盘研究新车型。BA-64 就是这些研究的产物，它们在 1942 年年末列装部队，装甲布局和开放式机枪塔隐约有德军 SdKfz 221 的影子。虽然它们在装甲、速度、行程和越野能力等方面比其他苏军轮式装甲车更优秀，但由于底盘限制，全车只能搭载 1 挺 DT 机枪。在服役期间，还有一些问题也暴露了出来——比如头重脚轻、不够稳定，在越野行驶时这类问题尤为明显。

BA-64B

BA-64，1944 年夏，布加勒斯特。值得一提的是，有些一线单位还用 PTRS/PTRD 反坦克枪或缴获的 20 毫米（0.79 英寸）KwK 30 型加农炮替换了车上原装的 DT 机枪。

BA-64B

乘员：2
生产时间：1942—1946 年
重量：2.3 吨
长度：3.66 米（12 英尺）
宽度：1.74 米（5 英尺 8 英寸）

高度：1.9 米（6 英尺 3 英寸）
发动机：37 千瓦（50 马力）GAZ-MM 型汽油机
公路行驶速度：80 千米/时（50 英里/时）
续航力：500 千米（310 英里）
武器装备：1 挺 7.62 毫米（0.3 英寸）DT 机枪

但 1943 年 9 月，BA-64B 的投产解决了这些问题。BA-64B 使用了 GAZ-67B 军用车的底盘，较前一代产品更宽，显著提高了稳定性和越野性能。该型号一共生产了超过 9000 辆，并在 1946 年停产。

代用装甲车辆

在"巴巴罗萨"行动初期，苏军损失惊人：到 1941 年 8 月，冯·博克（von Bock）的"中央"集团军群已经摧毁的坦克超过 5000 辆，约占苏军坦克总数的 25%。1941 年 7 月，为应对危机，苏联当局要求生产代用装甲车辆。

在苏联各地，工厂和车间都少量制造过一些此类产品，它们的样式千奇百怪，和 1940 年英国面临入侵威胁时匆忙改装的"坦克"和"装甲车"很像，有的工艺精良，有的则质量低劣。其中一些可靠性极差，是不折不扣的"杀人陷阱"——不仅底盘

KhTZ-16

在很多方面，KhTZ-16 都比其他的代用装甲车辆更精良，因为该车拥有全封闭战斗室，而且防护比较周密，装甲最厚和最薄处分别为 25 毫米和 10 毫米（即 0.98 英寸和 0.39 英寸）。

KhTZ-16

乘员：2

生产时间：1941 年

重量：7 吨

长度：4.2 米（13 英尺 9 英寸）

宽度：1.9 米（6 英尺 3 英寸）

高度：2.42 米（7 英尺 10 英寸）

发动机：38.78 千瓦（52 马力）汽油机

公路行驶速度：20 千米/时（13 英里/时）

续航力：120 千米（75 英里）

武器装备：1 门 45 毫米（1.77 英寸）20-K 型主炮和 1 挺 7.62 毫米（0.3 英寸）DT 同轴机枪

ZiS-30

本车配有 1 门 57 毫米（2.24 英寸）ZiS-2 型反坦克炮，穿甲能力优秀，但载弹量极少。另外，该火炮的重量和后坐力会让"共青团员"牵引车猛烈晃动，敞开式的设计则会让乘员很容易被轻武器和弹片击伤。

ZiS-30 坦克歼击车

乘员:4

生产时间:1941 年

重量:4 吨

长度:3.45 米（11 英尺 4 英寸）

宽度:1.86 米（6 英尺 1 英寸）

高度:2 米（6 英尺 6 英寸）

装甲:7—10 毫米（0.28—0.39 英寸）

发动机:37 千瓦（50 马力）GAZ-M 型 4 缸发动机

公路行驶速度:40 千米 / 时（25 英里 / 时）

续航力:250 千米（155 英里）

武器装备:1 门 57 毫米（2.24 英寸）ZiS-2 型主炮，1 挺 7.62 毫米（0.3 英寸）DT 机枪

不堪重负，而且侧影高大，装甲和武器也严重不足。下面的内容可能不够完整，但涵盖了其中的主要型号。

在列宁格勒的伊热夫斯克工厂（Izhorsky factory），苏军为 ZIS-AA、ZIS-5 和 ZIS-6 卡车底盘安装有装甲和各种武器，包括 45 毫米（1.77 英寸）反坦克炮和四联装马克沁防空机枪。1941 年 8 月至 12 月，这种被官方称为"IZ 中型装甲车"的产品一共生产了大约 100 辆。

1941 年 8 月 8 日，罗马尼亚和德国部队包围了敖德萨。当地守军只有一小支装甲部队，并且很快在围城期间损失殆尽。因此，当地的"1 月起义"坦克修理厂提出用剩余的 STZ-5 火炮牵引车和老式坦克炮塔生产改装坦克。8 月 20 日，3 辆这种"恐怖坦克"（Na Ispug）的原型车大功告成，其后续生产则持续到城市陷落前夕，总产量可能有 40 辆之多。

1941 年 7—8 月，位于哈尔科夫（Kharkov）的哈尔科夫拖拉机厂开始设计由 STZ-3 炮兵牵引车改装的 KHTZ-16 坦克歼击车。它配备了 45 毫米（1.77 英寸）火炮和 1 挺同轴 DT 机枪，还有能朝左右小幅旋转的炮架。在乐观预期下，上级制定了超过 800 辆的生产指标，但因德军进军迅速，在 1941 年 10 月哈尔科夫沦陷前，该车辆只有不到 90 辆完工。

与此同时，高尔基（Gorki）市[①] 的 ZiS 工厂也设计了一种安装 57 毫米（2.24 英寸）ZiS-2 型反坦克炮的车辆，并用"共青团员"牵引车和 GAZ-AAA 卡车做了试验。虽然采用卡车底盘的型号（代号 ZiS-31）射击精度更高（因为炮架稳定性更好），但出于越野能力方面的考虑，苏军最终还是把"共青团员"牵引车选为底盘（代号 ZiS-30）。

当生产于 1941 年 9 月启动时，"共青团员"牵引车已经停产，工厂只能等待前线的返修车辆。到 1941 年 10 月底，在可供改装的后续底盘耗尽、生产无法继续之前，该型号一共生产了约 100 辆。

苏军装甲车辆的武器

7.62 毫米（0.3 英寸）捷格加廖夫机枪（DT 机枪）

在战争期间，绝大多数苏军的装甲车辆都装备了 DT 机枪。DT 机枪是步兵用 DP 轻型机枪的衍生型，它们的区别在于前者使用了重型枪管、60 发弹鼓、可伸缩的金属枪托和木制小握把。由于装甲车辆的炮塔空间普遍狭小，乘员更换弹鼓有诸多不便，DT 机枪的实际射速一般只能达到每分钟 125 发。

12.7 毫米（0.5 英寸）DShK 机枪

在苏军中，这种多用途机枪扮演着与 12.7 毫米（0.5 英寸）M2 勃朗宁机枪类似的角色。DShK 机枪是 T-40 轻型坦克的主要武器，并在"斯大林 -2"坦克、ISU-122 和 ISU-152 自行火炮上充当支架固定式高射机枪。

---

① 译者注：即今天俄罗斯的下诺夫哥罗德（Nizhny Novgorod）。

T-40 两栖坦克

T-40 两栖轻型坦克（位于图片左侧）装备有 1 挺 12.7 毫米（0.5 英寸）DShK 1938 型机枪。

20 毫米（0.79 英寸）TNSh 机关炮

这种机关炮是 ShVAK 航炮的改进型，多被安装在 T-60 坦克上，其理论性能与二号坦克等德国装甲车辆安装的 KwK 38 坦克炮接近。但由于其与 DShK 机枪使用的是同一种发射药，且装药量较小，TNsh 机关炮的实际炮口初速很难达到理论值。在使用全装药的穿甲燃烧弹时，该机关炮可以在 50 米（164 英尺）外击穿 35 毫米厚的装甲——尽管装甲薄弱的 T-60 很难得到如此接近敌人的机会。

45 毫米（1.77 英寸）20-K 型坦克炮

以 20 世纪 30 年代的标准，苏军的 45 毫米（1.77 英寸）反坦克炮是一种强大的武器，并因此成了许多装甲车辆主炮的标准选择。而其后继型号——1938 型则配备了电击发系统和自稳定瞄准具，让车组能在理论上开展行进间射击。然而，这种陀螺稳定设备的实用价值非常有限，并在 1941 年退出一线——因为它被证明太复杂，甚至训练有素的坦克手也如此认为。

57 毫米（2.24 英寸）ZiS-4 型坦克炮

20 世纪 40 年代初，有传言显示德国试图研制重型坦克。得到消息后，苏军炮兵装备总监库利克元帅命令启动新一代坦克和反坦克炮的开发。其中最先问世的就是 57 毫米（2.24 英寸）的 ZiS-2 型反坦克炮——该火炮于 1941 年中期列装部队，其穿甲性能在当时可谓出类拔萃。其坦克炮版本——ZiS-4——也在不久之后问世，并被安装在了少量 T-34 坦克上 [苏军试图以这种方式来提升 T-34 坦克的 76.2 毫米（3 英寸）L-11 型主炮贫弱的反坦克能力]。虽然这种名为 T-34-57 的坦克不失为一种有力的"坦克杀手"，但由于 57 毫米（2.24 英寸）高爆弹的杀伤力低下，苏军还是决定采用 76.2 毫米（3 英寸）F-34 型主炮作为 T-34 的标准武器。① 但在 1943 年，随着越来越多的虎式和豹式坦克参战，苏军用 57 毫米（2.24 英寸）炮更换 F-34 型火炮的想法又死灰复燃。② 一小批 T-34-57 因此完工，但不久就被 T-34-85 取代。

76.2 毫米（3 英寸）L-11 型和 F-34 型坦克炮

L-11 型坦克炮由列宁格勒基洛夫工厂的 SKB-4 设计局设计于 1938 年，身管倍径为 30.5 倍，拥有半自动立楔式炮闩，弹药参考了 76.2 毫米（3 英寸）M1914/15 型高射炮的炮弹。这种坦克炮也是早期型 T-34 和 KV-1 坦克的主要武器。但一线部队很快发现，它很难对抗 1941 年的德军坦克，因此急需替换。因此，在 1941 年，很多新生产的 T-34 坦克都换装了 F-34 型 42 倍径主炮。至于 KV-1 则首先换装了 F-32 型 31 倍径坦克炮，但该型火炮的反坦克能力较 L-11 型几乎没有提升，并因此被 ZiS-5 型（即 F-34 型坦克炮的改进版）取代。

76.2 毫米（3 英寸）ZiS-3Sh 型火炮

虽然 ZiS-3Sh 的轮式牵引型号早在 1940 年便设计完毕，但由于库利克元帅的昏庸和偏见，该型号的列装几番被迫推迟。直到苏军炮兵在德军入侵之初蒙受了巨大损失之后，他才被迫放弃干涉。从实际表现来看，ZiS-3Sh 是一种高初速火炮，

---

① 译者注：原文如此，事实上，高爆弹威力不足只是一个次要原因，更主要的原因是 57 毫米 ZiS-4 坦克炮成本高昂、工艺烦琐，不利于大批量生产。

② 译者注：这一说法不够精确，事实上，早在 1943 年春天，苏军便开始计划重新生产 T-34-57，此时豹式坦克还没有出现在东线。

拥有优秀的反坦克能力。对于 1943 年服役的 SU-76 自行火炮而言，ZiS-3Sh 更是一种理想选择。总体而言，虽然 SU-76 装甲薄弱，生存性差，但仍然凭借出色的战场机动性取得了优异战绩。

85 毫米（3.35 英寸）D-5T 型坦克炮

1942 年，显而易见的是，F-34 和 ZiS-5 型坦克炮已很难击穿新式三号突击炮、四号坦克和虎式坦克的厚重装甲。为此，苏军想到了 85 毫米（3.35 英寸）M1939 型（52-K）高射炮。但由此改进而来的 85 毫米（3.35 英寸）D-5T 型坦克炮重量太重，无法装进 T-34 的狭小炮塔。为了更好地利用其反坦克性能，苏军立刻修改了 SU-122 的设计，推出了 SU-85 自行火炮。至于 T-34 本身直到 1943 年才重新完成设计，实现了与 85 毫米（3.35 英寸）火炮的兼容——1944 年春季，首批 T-34-85 交付部队。

100 毫米（3.94 英寸）D-10S 型坦克炮

随着豹式坦克在 1943 年出现，苏军越发担心，85 毫米（3.35 英寸）炮不久也将无法对抗德军的新式装甲车辆。他们探讨了各种备选方案，包括改装海军的 100 毫米（3.94 英寸）B-34 型舰炮——这也是 D-10S 型坦克炮的由来。试射显示，这种火炮可以在 1500 米（4920 英尺）外击穿豹式坦克的倾斜装甲。随后，当局下达了投产命令。

该型火炮主要被安装在 SU-100 坦克歼击车上，也曾在多种坦克（包括 T-34、T-44 和 IS-2）上进行过试验，但直到在战后生产的 T-54 上才真正取得了成功。

122 毫米（4.8 英寸）D-25T 型榴弹炮

该火炮是 122 毫米（4.8 英寸）M-30S 型榴弹炮的改进型，也是 SU-122 自行火炮的武器，能以直射火力摧毁敌军的坚固支撑点。虽然该榴弹炮精度有限，不适合对抗坦克（只有距离极近时除外），但其发射的 21.7 千克高爆弹只要直接命中，就可以将目标的炮塔掀飞——甚至虎式坦克也不例外。另外，苏军还在 1943 年 5 月推出了一种新式的 BP-460A 型破甲弹，但在打击装甲目标的效果上，相较于"简单粗暴"的高爆弹，其效果只是略有提升。

重型突击炮
JSU−152 突击炮配有 1 门 152 毫米（5.98 英寸）ML−20S 榴弹炮，可以击穿当时最厚的装甲。

122 毫米（4.8 英寸）A-19S 型和 D-25 型坦克炮

1943 年，为对抗德军的新式坦克，苏军还考虑了 122 毫米（4.8 英寸）A-19S型（M1931/37 型）加农炮。但把这种火炮安装上装甲车辆并不容易：它采用了分装弹药设计，开火速度很慢；炮口制退器也必须重新设计——因为该部件曾在试射时崩裂，险些杀死了伏罗希洛夫元帅。在斯大林的强烈压力下，这种火炮最终发展成一种成功的武器，并装备在了 JSU-122 坦克歼击车和"斯大林-2"重型坦克上。

152 毫米（5.98 英寸）ML-20S 型加榴炮

1942 年 11 月，苏军紧急要求研制一种配备 152 毫米（5.98 英寸）主炮的重型自行火炮。为满足要求，工程师们对 ML-20 型 152 毫米（5.98 英寸）加榴炮稍作改进，并在不到 6 周就推出了名为 ML-20S 的新型号——该火炮被安装在 KV-1S 坦克的车体上，以 SU-152 自行火炮的身份投入现役。这种武器圆满地履行了既定使命，在近距离上，它不仅是一种优秀的支援武器，还是一种"坦克杀手"——无论什么德国装甲车辆，只要被它那 43.5 千克重的高爆弹命中，就必定难逃一劫。

预备！

1门203毫米（8英寸）1931型（B-4）榴弹炮正在进入战斗状态——该火炮发射的VG-625型混凝土爆破弹重达100千克（220磅），可以消灭当时最坚固的掩体。

第二章

远程火炮、火箭炮和迫击炮

　　沙皇军队曾称火炮为"战争之神"，苏军也继承了这种重视炮兵的传统。但由于革命阵痛，苏军直到 20 世纪 30 年代才开始更新一战时期留下的旧装备。在远程火炮、火箭炮和迫击炮等领域，苏军下足了力气，而斯大林的"五年计划"则为其现代化提供了充沛资源。

　　战争爆发时，苏军炮兵拥有卓越的武器，但因为大量优秀指战员被"清洗"，苏军仍与最佳状态相差甚远。在对芬兰的"冬季战争"中，这些问题表现得淋漓尽致：伪装被斥为"懦夫行为"，导致很多大炮被直接部署在开阔地上，处在芬兰炮兵观测员的监视之下，并因为炮火反击蒙受了惨重损失。还有一些报告显示，苏军炮兵甚至会擅自开炮，以便"为步兵鼓劲"——这反而让受支援的步兵阵脚大乱。

　　"巴巴罗萨"行动的最初 6 个月也证明了苏军炮兵的糟糕状态：仅在 1941 年，他们就损失了多达 25000 门火炮，迫击炮和轻武器同样损失巨大——在 1941/1942 年冬天，苏军发动反击时，他们甚至无法配齐最基本的武器和弹药。朱可夫元帅后来回忆说，有一段时间，在苏联最高总统帅部的会议上，大家时常为十几挺反坦克枪或十几门迫击炮的归属争得不可开交。关于炮弹分配的争论则更为激烈——有时，在炮兵连，每门炮每天只能打出一两发弹药。但在 1941 年年底，疏散到乌拉尔山区的兵工厂开始提升产量。为支援铁木辛哥（Timoshenko）的哈尔科夫攻势，后方在 1942 年春天向前线输送了 10000 门各式火炮和迫击炮。不过，这次进攻再次以失败告终，并让苏军损失惨重——其中包括 1600 门各种火炮和 3200 门迫击炮。尽管如此，随着盟国提供的援助不断抵达，苏军再次在火炮数量上占据上风，到 1943 年年初，他们与轴心国的相关数据对比已达到 33000 门对 6360 门。

到 1945 年，苏联人更是掌握了压倒性的数量优势。1945 年 1 月，在铺天盖地的炮火支援中，维斯瓦河—奥得河进攻行动正式开启——其间，苏军一共投入了 2513 辆自行火炮、13763 门远程火炮、14812 门迫击炮、4936 门反坦克炮和 2198 门"喀秋莎"火箭炮。这么多武器需要海量的后勤支援——仅在马格努舍夫桥头堡（Magnuszew Bridgehead）和普瓦维（Pulawy）地区，苏军便分别储存了 2500000 发和 1300000 发火炮和迫击炮弹。而在斯大林格勒战役期间，顿河方面军消耗的炮弹则只有 1000000 发不到。这种火力的效果堪称摧枯拉朽。一位德国营长回忆说："在行动刚开始时，我手下是一个不满编的营……但当苏军炮火的烟雾散去后……还能战斗的人就只剩下一个排了。"

转移阵地！
推动 76.2 毫米（3 英寸）1927 型团属火炮的火炮炮组。该炮发射的 UOF-354A 型高爆弹能产生超过 200 块弹片，是在空旷地带对抗敌方步兵的有力武器。

柏林之战

即使在战争的这个阶段，以蛮力取胜的做法都未必有效。在 1945 年 4 月的第二周，大批苏军集结到奥得河西岸、屈斯特林附近的小桥头堡——在那里，朱可夫的白俄罗斯第 1 方面军正在准备进攻泽劳高地（Seelow Heights）——柏林前方的最后一道天然屏障。为此，苏军一共投入了 3155 辆装甲车辆和 16934 门各种火炮，储存的炮弹则有 7000000 发以上。而挡在白俄罗斯第 1 方面军前面的是戈特哈德·海因里齐（Gotthard Heinrici）大将指挥的"维斯瓦河"集团军群。其中，扼守泽劳高地一线的部队来自第 9 集团军——该集团军总共只有 512 辆装甲车辆、344 门远程火炮和 300—400 门高射炮[①]。

4 月 16 日 5 点整，这次攻势伴着密集的炮击打响。在总攻开始前，数以千计的火炮和"喀秋莎"发出轰鸣。但几乎与此同时，事情开始出错——炮击掀起的尘土和烟雾遮挡了探照灯的灯光。按照苏军的设想，这些探照灯原本是用来照瞎德国人的，但现在，它们却让苏军头晕目眩，并照亮了他们的身影，使他们沦为了绝佳的靶子。更糟糕的是，他们所命中的大部分阵地早已空无一人——不久前，有苏军俘虏供出了进攻时间，让海因里齐把部队预先撤到了第二道防线。

当苏军陷入混乱、步履蹒跚之时，德军再次占据了前方防御阵地，并向他们投去致命的火力。到第二天，白俄罗斯第 1 方面军只前进了不超过 8 千米（5 英里），而且仍在德军防线中裹足不前。朱可夫为此感到不满，于是敦促各集团军司令员加强攻势，并命令两个坦克集团军（共拥有 1337 辆坦克和自行火炮）投入战斗，但这种把大批车辆投入狭窄地段的做法也严重堵塞了交通，并给德国炮兵提供了更多目标。直到 4 月 19 日，朱可夫的部队才突破了泽劳高地上的最后一道防线并开始向柏林前进，他们在此期间付出了惨痛代价——在争夺高地的战斗中，苏军共有 700 辆坦克和自行火炮被击毁，人员伤亡则超过了 30000 人（是德军的三倍）。

接下来的柏林之战基本是一场属于炮兵的战斗。4 月 26 日，朱可夫和科涅夫的部队完成了对柏林的包围——自 4 月 20 日以来，这座城市一直在遭到炮击，

---

① 译者注：这里指的是重型高射炮，如 88 毫米和 105 毫米高射炮。

装填，开火！

1945 年，在柏林的废墟中，一门 120 毫米（4.72 英寸）迫击炮正在准备开火。[1]

---

[1] 译者注：本照片并非拍摄于柏林，而是拍摄于 1945 年年初的布雷斯劳——柏林战役发生在夏季，但本照片中的所有苏军都身着冬装，地面也可以看到积雪。

在4月24日，其郊区开始爆发战斗。最初的攻击由近卫坦克第1集团军发起，当时，该集团军得到了3000门火炮和迫击炮的掩护——相当于每1千米的前线有650门。

崔可夫将军冷酷地评论道："城市内的战斗，由火力唱主角。"各个单位迅速组建了特别突击小组——它们由1个步兵连／排、1个坦克排，以及一小队自行火炮、喀秋莎火箭炮和突击工兵组成。在步兵出发前，这些"钻头"总会由炮兵和"喀秋莎"开路，它们将发射烟雾弹，或是直接抵近射击，让目标笼罩在一片硝烟中。

一位苏军战地记者后来写道，炮手们"……有时会朝一座小广场、一群房屋甚至是一个小花园发射1000发炮弹"。随着苏军抵达市中心，他们在当地遇上了被改造为"临时堡垒"的大型政府建筑，同时，这些建筑还得到了市内3座巨型防空塔的支援。柏林的防空塔高达6层，每座都配有1000名守军，以及4座双联装128毫米（5英寸）和12座四联装20毫米（0.79英寸）高射炮。[①] 对付这些建筑需要特事特办：有一次，为了轰击菩提树下大街（Unter den Linden）上1千米的地段，进攻部队甚至调集了多达500门火炮。

尽管火力猛烈，但苏军的损失仍然节节攀升。在市区，有超过108辆坦克被各种武器摧毁——其中既有128毫米（5英寸）高射炮，也有无处不在的"铁拳"火箭筒。但在4月19日至30日之间，损失最严重的莫过于步兵（这种情况之前经常发生）——其中一个连原先拥有104人，最后只剩下了20名疲惫不堪的幸存者。随着希特勒自杀，残破的国会大厦陷落，德军余部在5月2日投降。其间，双方都蒙受了惨重损失。苏军的总伤亡超过352000人，其中阵亡人数为78000人。另外，波兰第1和第2集团军也损失了近9000人。[②]

格里戈里·库利克元帅，苏军炮兵装备总监

除斯大林之外，给战前苏军带来致命影响的另一个罪魁祸首就是格里戈里·库利克元帅。库利克早年曾在沙俄军队中担任炮兵士官，后来他加入红军，并被晋升为骑兵第1集团军的炮兵指挥官。这种飞速的提拔很可能与其好友克利缅

---

① 译者注：原文如此，这只是防空塔的理论武器配置，在柏林之战期间，有些防空塔（例如动物园防空塔）还安装有少量Flak 43型37毫米高射炮。

② 译者注：原文如此，这两个集团军的伤亡要远大于这个数字，其中波兰第1集团军的伤亡大约为10400人，而在南面的德累斯顿方向，波兰第2集团军则损失了超过18000人。

特·伏罗希洛夫有关。因为当时，伏罗希洛夫正和约瑟夫·斯大林一起指挥骑兵第 1 集团军。[①]

尽管库利克只是一位平庸的炮兵指挥官，但他仍然凭借无可挑剔的忠诚打动了斯大林，并因此成为苏军中的"不倒翁"。多年之后，赫鲁晓夫在质疑库利克的能力时，遭到了斯大林的斥责："你根本不了解库利克！我在内战的时候就已经了解他了——在察里津（Tsaritsyn）时，他就指挥炮兵。他是懂炮兵的！"

1937 年，由于无可挑剔的政治资历，库利克被任命为苏军炮兵装备总监，负责研发武器系统。但他对武器技术全然无知，还把军事创新视为"资产阶级的破坏"，这让苏军不仅在对芬兰的"冬季战争"中颜面扫地，还导致了 1941 年和 1942 年的惨败。以下这些言行，更是证明了此人有把事情搞砸的能耐：

· 图哈切夫斯基曾在装甲作战理论中强调佯动和欺骗，但库利克告诉斯大林，这种理论具有意识形态上的毒性，是"堕落的法西斯思想"，并且背离了革命的基本教条——堂堂正正地正面进攻。

· 库利克不信任装甲车辆，认为它们比不上军马，而且"永远不可能取而代之"。

· 他反对使用地雷，嘲笑它们是"懦夫的武器"。

· 他将德军使用的 MP—40 冲锋枪嘲笑为"资产阶级法西斯的一厢情愿"，认为这种武器只会导致士兵胡乱开火并浪费太多弹药。他禁止为苏军配发 PPD—40 冲锋枪，并宣称后者只是一种"纯警察武器"。

在任上，库利克以一种不可理喻、朝令夕改的方式多次扰乱武器生产，甚至高层中的同僚都给他起了一个绰号——"狠毒的小丑"。他经常下令大规模逮捕武器设计团队和各大兵工厂的高级干部，用"莫须有"的罪名把他们送进古拉格。之后，库利克会让自己的心腹"空降"过去，尽管这些人根本无法胜任新工作。

---

① 译者注：此处有误，伏罗希洛夫从未和斯大林指挥过骑兵第 1 集团军，应为"伏罗希洛夫曾和斯大林一起指挥过察里津方向的战事"。

炮兵装备总监
库利克元帅在镜头前摆出姿势，胸前的勋章和奖章异常醒目。

　　1941 年 8 月 [①]，库利克被任命为新成立的第 54 集团军司令，负责保卫列宁格勒。但这一次，他再也无法为自己的无能找借口。由于战场表现令人失望，他很快被解除职务，降级为少将，只是因为斯大林的法外开恩，他才没有被处决或被送往古拉格。[②]

---

① 译者注：原文如此，应为 9 月。
② 译者注：这里的说法不准确。首先，在被任命为第 54 集团军司令之前，库利克就曾被派往战场，负责协调第 10 集团军等部队反击入侵之敌，但他的表现十分拙劣，更一度与大部队失去联系，险些被停虏。其次，在被解除第 54 集团军司令的职务后，斯大林又给了他多次机会，如在 1942 年让他去指挥刻赤半岛的防御，以及在 1943 年让他去担任近卫第 4 集团军司令，但他在这些岗位上的表现同样乏善可陈，最终令他彻底失去了斯大林的信任。

迫击炮

苏军严重依赖迫击炮，尤其是在 1941 年至 1942 年的混乱中——因为它们比传统的火炮更容易生产。

37 毫米（1.46 英寸）掷弹筒

这种特制武器旨在"让步兵人人拥有一门迫击炮"。在折叠状态下，该武器是一把工兵铲，但如果其支撑脚架从铲柄上被拉开，并被固定在铲头（充当座钣）上，它就可变成一门迫击炮，而且每个步兵都能用布制弹药袋携带 15 发炮弹。该武器参与过"冬季战争"，但被发现炮弹威力太低。虽然在德军入侵时，该掷弹筒仍在被使用，但在 1941 年之后便极少出现了。

50 毫米（1.96 英寸）50-PM[①] 38、50-PM 39、50-PM 40 和 50-PM 41 型迫击炮

1938 型 50 毫米（1.96 英寸）迫击炮（即"50-PM 38 型迫击炮"）充当了一系列轻型步兵迫击炮的先驱。该迫击炮的炮管只能被设为两个角度——45 度和 75 度，要想改变其射程，操作者必须调整炮管底部周围套筒上排气孔的开闭状态。由于这种设计过于复杂，不适合实战，因此它被 1939 型 50 毫米迫击炮代替。1941 年，该武器的其中一部分被缴获，并以"5cm Granatwerfer 205/1（r）"的称号编入德军。

作为 1938 型 50 毫米迫击炮的替代品，1939 型 50 毫米迫击炮（即"50-PM 39 型迫击炮"）的设计者试图降低成本、简化结构。该型号安装有座钣和瞄准具，但继承了 1938 型 50 毫米迫击炮的射程调节装置。颇有讽刺意味的是，没过多久，它便被一种更廉价的版本——1940 型 50 毫米迫击炮——取代。德军将这种缴获后使用的武器称为"5cm Granatwerfer 205/2（r）"。

1940 型 50 毫米迫击炮（即"50-PM 40 型迫击炮"）更适合批量生产，其座钣和两脚炮架都是简单的钢冲压件，炮管则沿用了 1938 型迫击炮的排气孔设计，且角度固定。其仰角调节主要依靠的是两脚架，与之前的方法相比，新方法更为

---

① 译者注：应为 RM，下同。

简单，并被迅速运用到后续产品和更重型的迫击炮上。

在 1941 型 50 毫米迫击炮（即"50-PM 41 型迫击炮"）上，苏军把简单和易于生产的特点发展到了极致。该火炮拥有一部简易瞄准具和一个炮箍，上面集成了所有的方向和仰角调节装置（高低射界分别为 75 度和 45 度），其炮弹发射的废气将通过缓冲机下方的排气管排出。该型号使用的弹药与早期型号相同，而且只有基本药管，没有附加药包。

战斗中的 50-PM 38 型迫击炮
1941 年至 1942 年冬季，1 门 50-PM 38 型迫击炮正在作战——但在这种环境中，该迫击炮往往作用有限，因为它们的弹片很容易被厚厚的积雪"吸收"。

50-PM 38

口径:50 毫米（1.96 英寸）　　　横向射界:6 度
炮管长度:780 毫米（30.7 英寸）　　炮口初速(最大):96 米 / 秒（315 英尺 / 秒）
炮膛长度:553 毫米（21.77 英寸）　最大射程(仰角 45 度时):800 米（2624 英尺）
战斗重量:12.1 千克（26.6 磅）　　　最大射程(仰角 75 度时):402 米（1318 英尺）
仰角(固定):45 度和 75 度　　　　　弹重:0.85 千克（1.875 磅）

50-PM 39 型迫击炮
一名苏联步兵正在操作 50-PM 39 型迫击炮，该炮的最大射速为 15 发 / 分。

50-PM 39

口径：50 毫米（1.96 英寸）　　水平射界：7 度
炮管长度：775 毫米（30.5 英寸）　　炮口初速：96 米 / 秒（315 英尺 / 秒）
炮膛长度：545 毫米（21.46 英寸）　　最大射程：800 米（2624 英尺）
战斗重量：16.98 千克（37.4 磅）　　弹重：0.85 千克（1.875 磅）
仰角：45 度至 85 度

50-PM 40 型迫击炮
一门 50-PM 40 型迫击炮为前进中的步兵提供压制火力，其发射的 50 毫米高爆弹威力基本与一枚手榴弹相当。

50-PM 40

口径:50 毫米（1.96 英寸）
炮管长度:630 毫米（24.8 英寸）
炮管长度:533 毫米（21 英寸）
战斗重量:9.3 千克（20.5 磅）
仰角(固定):45 度和 75 度

水平射界:45 度仰角状态下为 9 度，75 度仰角状态下为 16 度
最大射程(仰角 45 度时):800 米（2624 英尺）
最大射程(仰角 75 度时):402 米（1318 英尺）
弹重:0.85 千克（1.875 磅）

82-PM 36 型迫击炮

苏军的 82-PM 36 型迫击炮主要发射高爆弹，但也配备有含磷烟雾弹。

82-PM 36

口径：82 毫米（3.2 英寸）
炮管长度：1320 毫米（51.97 英寸）
炮膛长度：1225 毫米（48.23 英寸）
战斗重量：62 千克（136.7 磅）

仰角：45 度至 85 度
水平射界：6 度至 11 度——具体射界因仰角而异
最大射程：3000 米（9842 英尺）
弹重：3.4 千克（7.5 磅）

82 毫米（3.2 英寸）1937 型迫击炮

1944 年夏季，"巴格拉季昂"行动期间，一辆配备苏制 M-72 挎斗和 82 毫米（3.2 英寸）1937 型迫击炮的哈雷 - 戴维森 42WLA 型摩托车。

82-PM 37

口径：82 毫米（3.2 英寸）
炮管长度：1320 毫米（51.97 英寸）
炮膛长度：1225 毫米（48.23 英寸）
战斗重量：57.34 千克（126.3 磅）

仰角：45 度至 85 度
水平射界：6 度至 11 度——具体射界因仰角而异
最大射程：3100 米（10170 英尺）
弹重：3.4 千克（7.5 磅）

82 毫米（3.2 英寸）82-PM 36、82-PM 37、82-PM 41 和 82-PM 43 型迫击炮

1936 型 82 毫米（3.2 英寸）迫击炮是法国勃兰特（Brandt）81 毫米（3.1 英寸）迫击炮的仿制品。德军将缴获后使用的该型武器称为"8.2cm Granatwerfer 274/1（r）"。另外，这些苏制 82 毫米迫击炮还能使用德军的 81 毫米（3.1 英寸）迫击炮弹，只是射击精度会稍微下降。

1937 型 82 毫米迫击炮（"82-PM 37 型迫击炮"）较 1936 型 82 毫米迫击炮略有改进，主要是相关设计人员在炮筒和两脚架之间加装了以降低开火时炮架承受的压力的缓冲弹簧，炮手也不必再在开火时频繁恢复炮身的位置。另外，它还采用了圆形座钣——这一点也是后来俄式迫击炮的最典型特点。德军将缴获后使用的该型号迫击炮称为"8.2cm Granatwerfer 274/2（r）"。

1941 型 82 毫米迫击炮（"82-PM 41 型迫击炮"）则采用了一些新特征，加强了战场机动性：例如增加了两个冲压钢轮——把两脚架从座钣上卸下后，它们可以被安装在脚架末端的短轴上；又例如其缓冲机附近还安装有一个扶手，可以由两名炮组人员拖曳。德军后来将缴获的该型号迫击炮称为"8.2cm Granatwerfer 274/3（r）"。

1943 年，苏军发展了上述设计，并将钢轮固定在了两脚架上——它们可以在作战时抬起，并在两脚架收回后重新触地。该型号就是 1943 型 82 毫米（3.2 英寸）迫击炮（"82-PM 43 型迫击炮"），直到战争结束仍在广泛使用。

107-PM 38 型迫击炮

1938 型 107 毫米（4.2 英寸）山地迫击炮（即"107-PM 38 型迫击炮"）是 1937 型 82 毫米（3.2 英寸）迫击炮的放大版，被专门装备给苏军的山地步兵师。该迫击炮所用炮弹包括高爆弹、烟雾弹和燃烧弹三类，可以通过被动撞击击发，也可以由扳机击发。迫击炮的底部除了基本药管还能加装最多 4 个附加药包。

为了满足在恶劣地形条件下作战的需要，1938 型 107 毫米迫击炮既可以被拆卸运输，也可以被固定在轻型两轮炮车上，与火炮前车一起由马匹拖曳前进。德军将缴获后使用的该武器称为"10.7cm Gebirgsgranatwerfer 328（r）"。

107-PM 38 型迫击炮阵地
可为山地步兵提供火力支援的 107-PM 38 型 107 毫米（4.2 英寸）迫击炮——苏军的每个山地炮兵团都拥有
12 门这种武器。

107-PM 38

口径：107 毫米（4.2 英寸）　　　　仰角：45 度至 80 度
炮管长度：1570 毫米（61.8 英寸）　水平射界：6 度
炮膛长度：1400 毫米（55.12 英寸）　最大射程：6314 米（20715 英尺）
战斗重量：170.7 千克（376 磅）　　弹重：8 千克（17.64 磅）
行军重量：850 千克（1874 磅）

120-HM 38 型迫击炮

　　1938 型 120 毫米（4.72 英寸）迫击炮（即"120-PM 38 型迫击炮"）也是
1937 型 82 毫米（3.2 英寸）迫击炮的放大版，并使用了与 1938 型 107 毫米（4.2
英寸）山地迫击炮相同的炮车，但其配套的火炮前车则与后者略有不同——该前
车采用了两轮式设计，并配有 1 个可容纳 20 发炮弹的弹药箱。

　　这种迫击炮的火力和机动性非常优秀，甚至德军都非常愿意缴获并使用它们 [德

斯大林格勒

1942 年 12 月，1 门为斯大林格勒守军提供支援的 120−HM 38 型迫击炮。

120−HM 38 型迫击炮

这辆 120−HM 38 型迫击炮挂在威利斯 MB 型吉普车后面。该吉普车上可能装有少量炮弹，但大部分都存放在其他吉普车牵引的拖车上。

120−HM 38

口径:120 毫米（4.72 英寸）
枪管长度(15.5 倍径):1862 毫米（73.3 英寸）
膛线长度:1536 毫米（60.47 英寸）
战斗重量:280.1 千克（617 磅）
行军重量:477.6 千克（1052 磅）

仰角:45 度至 80 度
水平射界:6 度
最大射程:6000 米（19685 英尺）
弹重(高爆弹):16 千克（35.3 磅）

军称其为"12cm Granatwerfer 378（r）"]。随着不断从前线传来的好评，德国人甚至动了仿造的念头，其成果就是 42 型 120 毫米（4.72 英寸）迫击炮。

160 毫米（6.3 英寸）1943 型迫击炮

该武器最初是 120 毫米（4.72 英寸）迫击炮的放大版，但由于炮弹重量超过 40 千克，而且炮管长达 3 米，仅靠人力已很难完成炮口装填，因此，工程人员迅速修改了设计，并将该迫击炮改为后膛装填式。该迫击炮的尺寸和射程几乎与远程火炮

160 毫米（6.3 英寸）1943 型迫击炮
这是红军在战时所使用的最大的迫击炮——其炮弹威力巨大，重量高达 41.4 千克（90.1 磅），几乎是 120 毫米（4.72 英寸）迫击炮弹的三倍。下图是一辆牵引着该火炮的 US6 U3 型卡车。

160 毫米（6.3 英寸）1943 型

口径：160 毫米（6.3 英寸）　　　　水平射界：17 度
炮管长度：2896 毫米（114 英寸）　最大射程：5150 米（16896 英尺）
战斗重量：1080.5 千克（2380 磅）　最小射程：750 米（2460 英尺）
仰角(最大)：50 度　　　　　　　　弹重(高爆弹)：41.4 千克（90.1 磅）

无异，而且安装有轮胎，可以由炮兵牵引车牵引。这些迫击炮（连带操作人员）经常以32门编为一个旅，有资料显示它们曾被编入1942年之后组建的突破炮兵师。

"喀秋莎"火箭炮

战争结束前，苏联各地的约200座工厂生产了超过10000部"喀秋莎"火箭炮和1200万发火箭弹。

82毫米（3.2英寸）M-8型火箭弹

82毫米（3.2英寸）M-8型火箭弹的蓝本是RS-82型空射火箭弹（其中"RS"是"Reaktivnyy Snaryad"的缩写，即"火箭助推炮弹"）。该火箭弹在增大了弹头和火箭发动机的尺寸后拥有了不错的地对地攻击能力，但在本质上仍是一种安装稳定尾翼的、简单的固体燃料火箭。该型号火箭弹在1941年8月被投入使用，其整体重量较轻，可以在一部发射架上大量发射。其中有些发射车由中型卡车改装，可以携带至少48枚火箭弹，另一些甚至采用了吉普车底盘，可以携带8枚火箭弹。

安装BM-8-48型火箭发射器的斯图贝克US 6×6 U-3卡车
这种斯图贝克US6型卡车能发射48枚82毫米（3.2英寸）M-8轻型火箭弹，在近距离，一个由4辆车组成的火箭炮连可以瞬间毁灭一切。

82毫米（3.2英寸）M-8型火箭弹

长度：66厘米（26英寸）
直径：82毫米（3.2英寸）
总重量：8千克（17.6磅）

推进剂重量：1.2千克（2.645磅）
高爆战斗部重量：0.5千克（1.1磅）
最大射程：5900米（19356英尺）

安装 BM-8-8 型 82 毫米（3.2 英寸）火箭发射器的威利斯 MB 型吉普车

1944 年，随着苏联红军向喀尔巴阡山脉推进，供吉普车使用的 BM-8-8 型火箭发射器被匆匆开发出来，以确保它们在"喀秋莎"无法通行的地域提供火力支援。

132 毫米（5.2 英寸）M-13 型火箭弹

　　M-13 型火箭弹由 RS-132 型空射火箭弹改进而来，而且和 M-8 型火箭弹一样，其主要变化是安装有更大的弹头和火箭发动机。它们直到战争爆发时才服役，并于1941 年 7 月首次参战。

安装 BM-13-16 型 132 毫米（5.2 英寸）火箭发射器的斯图贝克 US 6×6 U-3 卡车

1943 年年初，红军将斯图贝克 6×6 卡车定为安装 BM-8 和 BM-13 型火箭炮的标准车型。在战争结束前，共有近 105000 部斯图贝克汽车抵达抵达苏联，由于越野能力良好，其中许多被改装成了"喀秋莎"火箭发射车。

132 毫米（5.2 英寸）M-13 型火箭弹

长度:1.41 米（55.9 英寸）　　　　**推进剂重量**:7.2 千克（15.87 磅）

直径:132 毫米（5.2 英寸）　　　　**高爆战斗部重量**:4.9 千克（10.8 磅）

总重量:42.5 千克（93.7 磅）　　　　**最大射程**:8500 米（27887 英尺）

M-13 型火箭弹的发射装置包括一个可调整角度的发射架，上面有 8 条平行发射轨，每条发射轨末端上下各有一枚火箭弹。

大多数火箭弹的弹头都是简单的 22 千克（48 磅）触发式高爆破片弹头，但为攻击坦克集结区，苏军还可能在战时开发过破甲弹。还有一些报告显示，苏军曾少量使用过照明弹头和燃烧弹头。

这些火箭弹装填缓慢，精度远不及传统火炮，但优势是火力强大。一个由 4 部 BM-13 火箭炮组成的连可以在 7—10 秒内向 4 公顷的目标区域发射 4.35 吨高爆弹。如果操作者训练有素，他们在躲开反击炮火后，只需要几分钟就可以重新部署。

300 毫米（11.8 英寸）M30/M-31/M-13-DD 型火箭弹

M30 型火箭弹使用了改进的 M-13 型火箭弹发动机，弹头最大直径为 300 毫米（11.8 英寸），装药量高达 28.9 千克（64 磅）。虽然该火箭弹的最大射程仅为 2800 米（9186 英尺），但巨大的威力掩盖了这种缺陷。M-30 型火箭弹的另一个特点是能直接从框架中发射，这些框架可以以四个一组被安装到发射架上 [经常被苏军称

安装 M-31-12 型 300 毫米（11.8 英寸）火箭发射器的斯图贝克 US 6×6 U-3 卡车
300 毫米（11.8 英寸）火箭弹的战斗部装药几乎是 M-13 型火箭弹的 6 倍。

M-31 型火箭弹

长度:1.76 米（69.3 英寸）　　　**推进剂重量:**11.2 千克（24.7 磅）
直径:300 毫米（11.8 英寸）　　**高爆战斗部重量:**28.9 千克（63.7 磅）
总重量:91.5 千克（201.7 磅）　　**最大射程:**4300 米（14100 英尺）

为"架子"（Rama）]。1942 年年底，其改进型 M-31 型火箭弹问世，它与其前身颇为相像，但使用的是新式火箭发动机，将最大射程提高到了 4300 米（14100 英尺）。后来，苏军又推出了改进型——M-31-UK，该型号具备一定的自旋稳定能力，从而大大提高了精度。M-31 型火箭弹使用的发射装置最初与 M-30 型相同，但在 1944 年 3 月，苏军推出了该型号的机动型——以 ZiS-6 6×6 卡车为底盘，可以安装 12 枚 M-31 型火箭弹，后续生产的批次则使用了西方援助的斯图贝克 US-6 6×6 卡车。

反坦克炮

按照苏军的理论，所有远程火炮都应在必要时承担反坦克任务。同时，苏军还装备了大量专门的反坦克炮。

37 毫米（1.46 英寸）1930 型（1-K）反坦克炮

1-K 型反坦克炮是苏军装备的第一种反坦克炮。它基本上是德制 37 毫米（1.46 英寸）45 倍径反坦克炮（该火炮从 1928 年起列装魏玛德国国防军，堪称当时最优秀的现役反坦克炮）的仿制版。1934 年，德军改进了 37 毫米 45 倍径反坦克炮的设计，用镁合金轮毂和充气轮胎取代了原先的辐条木轮，这种新设计出来的武器就是 Pak 35/36 型 37 毫米（1.46 英寸）反坦克炮。

1-K 型反坦克炮的生产始于 1931 年，但于当年生产的 255 件产品全部不合格。直到 1932 年，1-K 型反坦克炮才被部队接收。随后，工厂开始转产威力更大的 45 毫米（1.77 英寸）1932 型（19-K）反坦克炮。1-K 型反坦克炮的总产量为 509 门。

随着新型反坦克武器服役，大多数 1-K 型反坦克炮都被转入了训练单位和储备仓库。在德军入侵时，其中一些仍然可以使用（主要是被机械化第 8 军所使用），而另外还有一些堪用的存货可能在仓促中被投入了战斗。虽然没有确切的关于该武器的战场使用报告，但基本可以确定，该武器的绝大部分都在"巴巴罗萨"行动最初的几个月损失了。另外，德军将缴获的这种火炮称为"3.7cm Pak 158（r）"。

45 毫米（1.77 英寸）1932 型（19-K）反坦克炮和 1937 型（53-K）反坦克炮

19-K 型反坦克炮实际上是 1-K 型炮架和 45 毫米（1.77 英寸）炮管的组合体，最初采用了辐条木轮，炮闩需要人工开启，并存在射速缓慢等问题。在上述问题得到改进后，该火炮在 1937 年作为 53-K 型反坦克炮重新定型。主要调整包括：

- 用半自动炮闩取代了手动炮闩。
- 1934 年，用 GAZ－A 汽车的充气车轮替换了辐条木轮。
- 1936 年，使用填充海绵橡胶的"防弹"轮替换了充气轮。
- 采用了新式瞄准具、击发装置，改变了炮盾装配方式。

这两型火炮可以发射多种弹药，如穿甲高爆弹、硬芯穿甲弹、高爆弹和榴霰弹。这种火炮的产量极高，其中，19-K 型反坦克炮的总数可能高达 21500 门，而 53-K 型反坦克炮则在 1943 年停产前生产了超过 37000 门。

45 毫米 1932 型反坦克炮
虽然承担反坦克任务的时间很短，但 45 毫米（1.77 英寸）19－K 型火炮仍不失为一种出色的轻型步兵炮——在为己方步兵提供支援时，它可以发射高爆弹和榴霰弹。

45 毫米（1.77 英寸）1932 型（19-K）反坦克炮

重量(配备 1-K 型炮架时)：450 千克（990 磅）
重量(配备 GAZ-A 汽车轮胎时)：510 千克（1120 磅）
长度：6.4 米（21 英尺）
炮管长度：2.07 米（6.8 英尺），身管倍径为 46 倍
弹重：1.43 千克（3.2 磅）

仰角：－8 度至＋25 度
水平射界：60 度
射速：15 发/分
炮口初速：760 米/秒（2493 英尺/秒）
最大射程：4400 米（14435 英尺）

45 毫米（1.77 英寸）1937 型（53-K）反坦克炮

以 1941 年的标准，45 毫米（1.77 英寸）反坦克炮是一种颇受好评的武器。它们很容易被隐藏，还能在 500 米（1640 英尺）距离内摧毁当时的大部分德军坦克。

45 毫米（1.77 英寸）1937 型（53-K）反坦克炮

重量(行军状态下):1200 千克（2645 磅）　　　　**水平射界**:60 度

重量(放列状态下):560 千克（1234 磅）　　　　**射速**:15—20 发／分

长度:6.4 米（21 英尺）　　　　　　　　　　　**炮口初速**:760 米／秒（2493 英尺／秒）

炮管长度:2.07 米（6 英尺 9 英寸），身管倍径为 46 倍　**最大射程**:4400 米（14435 英尺）

仰角:－8 度至＋25 度

45 毫米（1.77 英寸）1942 型（M-42）反坦克炮

1942 年，德军加厚了坦克和突击炮的装甲，令原有的 45 毫米（1.77 英寸）反坦克炮越发力不从心。虽然在当时，57 毫米（2.24 英文）ZiS-2 型反坦克炮才是最佳的解决方案,但列装却屡遭拖延,作为临时措施,苏军决定改进 45 毫米（1.77 英寸）反坦克炮,包括安装更长的炮管（66 倍径）和修改炮膛设计（以使用威力更大的弹药）。其炮盾也被加厚至 7 毫米（0.27 英寸），提高了抵御机枪火力和弹片的能力。

M-42 型反坦克炮虽然对豹式和虎式坦克几乎毫无作用，但仍不失为一种近距离抵御德军轻型装甲车辆的有力武器。其生产一直持续到 1945 年中期，总产量超过 10800 门。

57 毫米（2.24 英寸）1943 型（ZiS-2）反坦克炮

ZiS-2 型反坦克炮的设计始于 1940 年年初，设计目标是足以击穿 KV-1 坦克的装甲。这种要求可能受到过德国宣传的影响，当时，后者曾经鼓吹过他们的"超

45 毫米（1.77 英寸）1942 型（M-42）反坦克炮
尽管在战争末期，M-42 已很难胜任反坦克任务，但该火炮非常轻便，可以发射高爆弹和榴霰弹，仍不失为一种有用的近距离支援武器。

45 毫米（1.77 英寸）1942 型（M-42）反坦克炮

重量(行军状态下):1250 千克（2756 磅）
重量(放列状态下):625 千克（1378 磅）
炮管长度:3.09 米（10 英尺），身管倍径为 66 倍
宽度:1.6 米（5 英尺 3 英寸）
高度:1.2 米（3 英尺 11 英寸）

仰角:－8 度至＋25 度
水平射界:60 度
射速:15—20 发 / 分
炮口初速:870 米 / 秒（2854 英尺 / 秒）
最大射程:4550 米（14927 英尺）

级坦克"——"新型结构车"（Neubaufahrzeug，NbFz）；当然，也有可能是苏联高层一厢情愿地认为，在他们把重型坦克派往芬兰进行试验之后，德国人必定会造出与之匹敌的车辆。

按照计算,57 毫米（2.24 英寸）火炮不仅可以击穿 90 毫米（3.54 英寸）装甲，还拥有轻便、小巧和容易隐蔽的特点。但它有一个缺点:苏军从没有生产过 57 毫米（2.24 英寸）的火炮，因此所有的生产工具都必须专门设计。该火炮在 1941 年 6 月 1 日服役，根据实际表现来看，它们可以轻松摧毁当时任何德制装甲车辆。但在生产完成 371 门之后，其生产却在 1941 年 12 月突然被中断。导致这一决定的原因众说纷纭，最可能的原因是该火炮技术含量较高，而刚疏散到乌拉尔山区的兵工厂正处于混乱状态。因此，苏军决定优先生产另一种反坦克炮团的标配武器——ZiS-3 型 76.2 毫米师属加农炮。

虎式坦克和豹式坦克的出现改变了一切:原先的 45 毫米（1.77 英寸）火炮已完全过时，ZiS-3 型火炮也力不从心。ZiS-2 型反坦克炮于是被匆忙恢复生产，新产

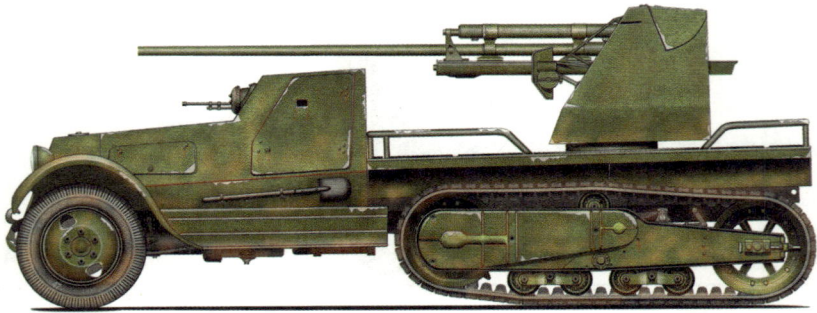

VMS-41 坦克歼击车

VMS-41 坦克歼击车是一种试验品——该车以 ZiS-22 半履带装甲车为底盘,还配有 1 门 ZiS-2 型 57 毫米(2.24 英寸)火炮。其原型在 1941 年 11 月接受测试,据称表现良好,但随着 ZiS-2 反坦克炮在次月停产,该项目也无疾而终。

57 毫米(2.24 英寸)1943 型(ZiS-2)反坦克炮

重量:1250 千克(2756 磅)
长度:7.03 米(23 英尺)
炮管长度:4.16 米(13 英尺 8 英寸),身管倍径为 73 倍
宽度:1.7 米(5 英尺 7 英寸)
高度:1.37 米(4 英尺 6 英寸)

仰角:-5 度至+25 度
水平射界:56 度
射速:10 发 / 分
炮口初速:1000 米 / 秒(3300 英尺 / 秒)

品使用了 ZiS-3 型火炮的炮架,并被改名为 57 毫米(2.24 英寸)1943 型反坦克炮。在 1945 年停产前,1943 型反坦克炮一共生产了至少 9600 门。

防空武器

在战争初期,由于高射炮损失惨重,再加上德军的空中优势,苏军经常在防空过程中投入"一切能扔到天上的东西"。有些报告显示,他们甚至为反坦克步枪配备了简易对空支架。

托卡列夫 4M 1931 型高射机枪支架

托卡列夫 4M 1931 型高射机枪支架是苏军最早生产的防空武器。这种重型支架可以安装 4 挺 7.62 毫米(0.3 英寸)马克沁 1910/30 型机枪。虽然这些机枪都需要人工操作,而且使用的步枪子弹射高有限,但仍不失为一种成功的

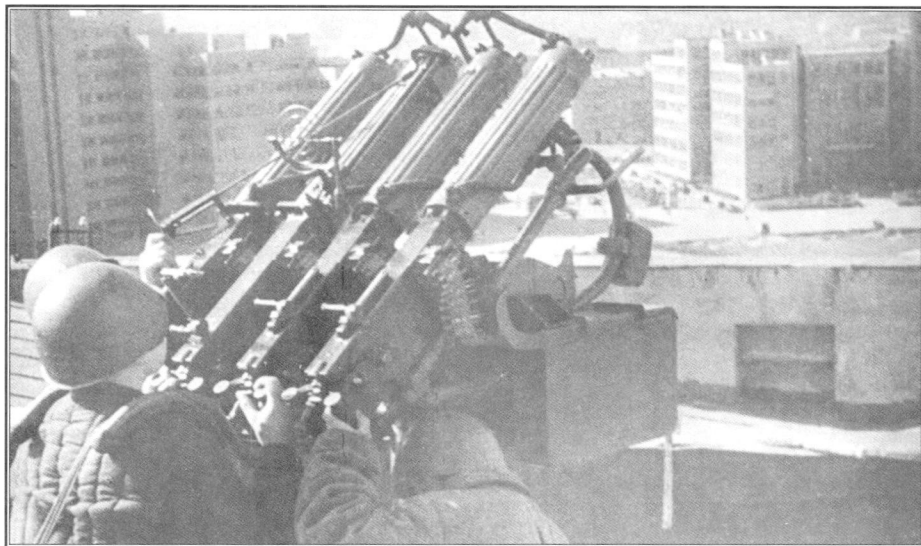

保卫列宁格勒
列宁格勒市内一座大楼屋顶的 4M 1931 型高射机枪支架。

安装 4M 1931 型高射机枪支架的 GAZ—AAA 卡车
GAZ—AAA 卡车是最常见的、搭载 4M 1931 型高射机枪支架的车辆，另外，该机枪支架也曾被广泛安装在装甲列车和各种内河船艇上。

托卡列夫 4M 1931 型高射机枪支架

重量:460 千克（1014 磅）	**供弹:**4 个 500 发弹带
仰角:－ 10 度至＋ 85 度	**射速:**2100 发 / 分
水平射界:360 度	**最大射高:**1400 米（4593 英尺）
枪机:短后坐肘节式闭锁枪机	**最大射程(对地):**1600 米（5250 英尺）

武器。所有机枪支架都配有特制的弹药盒，其容量为 500 发，而不是标准弹药盒的 250 发。

为了长时间对空开火，全部机枪仍采用了原始的水冷系统。在快速射击 500—600 发之后，冷却水沸腾产生的蒸汽将通过套筒阀门进入橡皮管（可拆卸式）和冷凝器，并在冷却后循环使用。托卡列夫高射机枪支架重量极大——仅仅 4 挺机枪（不包括冷却水）就有 80 千克（176 磅）——这意味着它们只能被安装在卡车上，或是在永备阵地中执行防空任务。

每挺机枪只配有简易的环形瞄准具，但考虑到 4 挺机枪的散布和射速（每分钟约 2100 发），它们仍不失为一种有效的工具。真正的问题是：随着德军飞机防护性能不断提高，这种武器逐渐沦为鸡肋——马克沁机枪使用的步枪弹很难穿透较薄的装甲，在 1942/1943 年后，它们已不能伤及德军新服役的重装甲对地攻击机（如 Hs-129）。

12.7 毫米 DShK 重机枪

1925 年，苏军要求开发一种具有防空和反坦克能力的大口径机枪。1930 年，相关的原型产品生产完毕，基本由 DP 机枪放大而来，被称为 DK 机枪（其中 DK 是 "Degtyarov Krupnokalibernyj" 的缩写，即 "杰格佳廖夫大口径"）。这是一种导气式气冷机枪，由顶部的可拆卸式圆形弹鼓供弹，容量为 30 发。该机枪于 1933 年开始小批量生产，并装备在了一些海军小艇和内河巡逻艇上，但在服役期间，其 30 发圆形弹鼓出现了很多问题——它实在是太重了，且里边的子弹只够用几秒钟，频繁更换弹鼓经常让机枪手苦不堪言。很明显，出于实用考虑，该机枪必须改用弹链供弹。

1938 年，苏军推出了 DK 机枪的改进型号，即 DShK-38（其中的 DShK 是 "Degtyarov - Shpagin Krupnokalibernyj" 的缩写，即 "杰格佳廖夫 - 什帕金大口径"）。这种武器的威力中规中矩（至少可以对抗低空飞机和轻型装甲车辆），表现令人满意，但仍有一些瑕疵。最主要的问题出在通用轮式枪架上，它极为沉重，连同机枪本身一共重达 157 千克（346 磅），而且未能提升机枪的稳定性，也很难抑制震动，这使得机枪的远距离射击精确性不佳。但这一点主要影响的是对地射击能力，在采用了更轻的三脚架之后，上述问题便迎刃而解。

安装 12.7 毫米（0.5 英寸）DShK 重机枪的 ZiS-5V 卡车

DShK 重机枪重量较大，必须借助车辆进行战场机动——战争中期时，苏军的每个高射炮团都配有 8 辆搭载该型机枪的卡车。

12.7 毫米 DShK 重机枪

重量(仅枪身)：34 千克（75 磅）　　　　　　**供弹**：50 发弹链

重量(包括底座)：157 千克（346 磅）　　　　**射速**：600 发／分

长度：162.5 厘米（64 英寸）　　　　　　　　**有效射高**：2000 米（6562 英尺）

枪管长度：107 厘米（42.1 英寸）　　　　　　**最大射程**：2500 米（8200 英尺）

枪机：导气式鱼鳃板闭锁枪机

25 毫米 1940 型（72-K）高射炮

　　20 世纪 30 年代初，显而易见的是，机枪可能无法伤及下一代对地攻击机。为此，苏联设计团队开发了几种武器，最早是于 1934 年诞生的 45 毫米（1.77 英寸）K-21 型高射炮——由当时苏军使用的反坦克炮改装而来。但这种武器射速太低，很快就被军方拒绝，随后，苏军又在 1935 年尝试采购了一批博福斯 25 毫米 1933 型高射炮。该型号似乎成了 25 毫米 1940 型高射炮的蓝本。[1]1941 年年末，25 毫米 1940 型高射炮正式服役。

---

　　① 译者注：原文如此，此处有误，25 毫米 1940 型高射炮源于苏军在 1939 年启动的一个研制项目，此时距离引进博福斯 25 毫米高射炮已过去了 4 年，而且两者的相同之处非常有限。

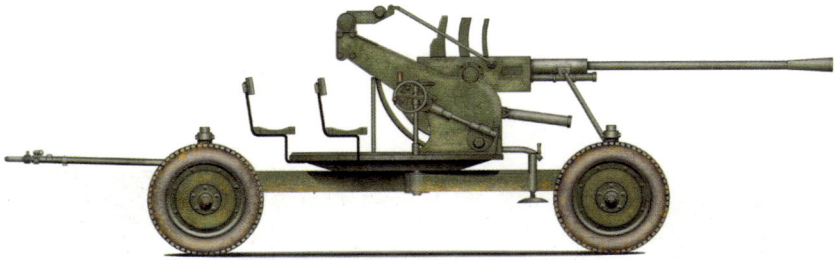

25 毫米 1940 型（72-K）高射炮
到 1945 年停产时，苏联一共制造了大约 4860 门 72-K 型高射炮。

25 毫米 1940 型（72-K）高射炮

重量：1210 千克（2670 磅）
长度：5.3 米（17 英尺 5 英寸）
炮管长度：1.915 米（6 英尺 4 英寸），身管倍径为 76.6 倍
宽度：1.7 米（5 英尺 7 英寸）
高度：1.8 米（5 英尺 11 英寸）
弹重：0.28 千克（10 盎司）

仰角：－10 至＋85 度
水平射界：360 度
供弹：6 发弹夹
射速：240 发 / 分
炮口初速：925 米 / 秒（3035 英尺 / 秒）
最大射高：2400 米（7900 英尺）

37 毫米（1.46 英寸）1939 型（61-K）高射炮

　　该型号的研制始于 1938 年 1 月，并于同年 10 月成功完成试射。它们被安装在 ZU-7 型四轮炮架上，外观与博福斯 40 毫米（1.5 英寸）高射炮颇为接近。它使用的弹药似乎与美国的勃朗宁 37 毫米（1.46 英寸）高射炮弹药存在"亲缘"关系，并配备了 5 发弹夹。该火炮首批生产了 900 门，随后订单迅速增加，在 1945 年停产前已有近 20000 门走下生产线。

　　61-K 型高射炮在防空领域发挥了巨大作用，但从实际表现来看，它还远不是苏联宣传中的"奇迹武器"。按照苏方的记录，装备它们的炮兵连共击落了 14657 架敌机，每击落一架飞机平均消耗的弹药仅为 905 发。不过在 1942 年 3 月至 1944 年 12 月，德国空军在东线损失的飞机最多只有 8400 架，因此上述的击落数明显有夸大之嫌。

　　另外，虽然设计用途是防空，但 61-K 型高射炮也在反坦克作战中大放异彩，同时，苏军还专门为其研制了穿甲弹。根据靶场实验，该火炮可以在 500 米（1640

37 毫米（1.46 英寸）1939 型（61−K）高射炮
1945 年，维也纳，一辆西方盟国援助的雪佛兰 G−7107 卡车牵引着 1 门 37 毫米（1.46 英寸）1939 型（61−K）高射炮。下图是该型高射炮在放下支架后、完成开火准备时的状态。

37 毫米（1.46 英寸）1939 型（61−K）自动高射炮

重量:2100 千克（4600 磅）
炮管长度:2.7 米（8 英尺 10 英寸），身管倍径为 67 倍
弹重:0.785 千克（1.7 磅）
仰角:－5 度至＋85 度
水平射界:360 度

供弹:5 发弹夹
射速:80 发 / 分
炮口初速:880 米 / 秒（2887 英尺 / 秒）
有效射高:4000 米（13000 英尺）
最大射高:5000 米（16000 英尺）

英尺）距离击穿呈 60 度倾斜的 37 毫米（1.46 英寸）装甲。而且与反坦克炮相比，该型高射炮射速更快——这让它们成了优秀的"坦克杀手"。尤其是在近距离上，如果遭遇装甲车辆进攻，它们可以发起急速射击，并多次命中对手。

76.2 毫米 1931 型（3-K）和 1938 型高射炮

3-K 型高射炮是苏联生产的第一种重型高射炮，以取代沙皇军队遗留的、于 1914 年投产的 76.2 毫米（3 英寸）高射炮。其设计源于德国生产的 Flak R 75 毫米（2.95 英寸）高射炮，但可折叠的两轮式十字型炮架却参考了早期的维克斯 76.2 毫米（3 英寸）高射炮。1931 年至 1938 年，共有 3821 门该型火炮在各个工厂下线。

从 1938 年开始，苏军开始生产 1938 型 76.2 毫米高射炮。其设计与 1931 型类似，

76.2 毫米 1931 型（3-K）高射炮
76.2 毫米 1931 型高射炮和 1938 型高射炮都拥有出色的穿甲能力，可以在 500 米（1640 英尺）外击穿 30 度倾斜的 76.2 毫米（3 英寸）装甲。该型高射炮曾被德军大量缴获，并以 "7.62cm Flak M.31（r）" 的编号广为使用，直到弹药耗尽后才退役；还有部分火炮接受了扩膛处理，以发射德制的 88 毫米炮弹——这些火炮被称为 "7.62/8.8cm Flak M.31(r)"，其中大部分都在 1944 年报废。

76.2 毫米 1931 型（3-K）和 1938 型高射炮

重量(1931 型)：4820 千克（10630 磅）

重量(1938 型)：4210 千克（9280 磅）

重量(放列状态下)：3650 千克（8050 磅）

炮管长度：4.1 米（13 英尺 5 英寸），身管倍径为 55 倍

弹重：6.6 千克（14.5 磅）

炮闩设计：半自动垂直滑楔式

反后坐装置：液压气动式

炮架(1931 型)：两轮式炮架，并拥有可折叠的

十字形支撑架

炮架(1938 型)：四轮双轴拖车，并拥有两侧支撑架

仰角：－ 2 度至＋ 82 度

水平射界：360 度

射速：10～20 发/分

炮口初速：813 米/秒（2667 英尺/秒）

最大射高：9300 米（31000 英尺）

94

但其炮管采用了全新设计，而且更换了 ZU-8 型双轴四轮炮架。在被 85 毫米（3.35 英寸）高射炮取代之前，该型号只生产了 960 门。

85 毫米（3.35 英寸）1939 型（52-K）高射炮

52-K 型高射炮基本是 76.2 毫米（3 英寸）1938 型高射炮的放大和改进版，曾在前线大放异彩，连德军都把它们视为宝贵战利品。在战争期间，德军曾大量俘获

85 毫米（3.35 英寸）1939 型（52-K）高射炮

85 毫米 52-K 型高射炮是一种出色的高射炮，拥有强大的穿甲能力，可以在 500 米（1640 英尺）距离上击穿 30 度倾斜的 91 毫米（3.6 英寸）装甲。

85 毫米（3.35 英寸）1939 型（52-K）高射炮

重量：4500 千克（9921 磅）
长度：7.05 米（23 英尺 2 英寸）
炮管长度：4.7 米（15 英尺 5 英寸），身管倍径为 55 倍
宽度：2.15 米（7 英尺）
高度：2.25 米（7 英尺 5 英寸）
弹重：9.2 千克（20.3 磅）
炮门设计：半自动垂直滑楔式
反后坐装置：液压气动式

炮架：四轮双轴拖车，带两侧支撑架
仰角：－3 度至＋82 度
水平射界：360 度
射速：10—12 发 / 分
炮口初速：792 米 / 秒（2598 英尺 / 秒）
有效射高：10500 米（34448 英尺）
最大射高：15650 米（51127 英尺）

过该型火炮和弹药，并将缴获使用的版本称为"8.5cm Flak M.39（r）"，有些还在国内工厂扩大炮膛，以发射88毫米（3.4英寸）炮弹——这部分高射炮被称为"8.8cm Flak M.39（r）"，主要装备负责本土防空的高射炮连。

85毫米1944型（KS-18）高射炮

该型号基本与1939型高射炮相同，但其炮膛设计有所改进，可以发射尺寸更大、威力更强的炮弹，火炮射高也因此大幅提升。此外，为应对新式炮弹在发射时产生的后冲力，新型号还改进了缓冲系统。

105毫米1934型高射炮

关于1934型高射炮的信息较少，但它可能是20世纪30年代中期全世界最强大的高射炮。这种火炮曾在列宁格勒被少量生产，并被部署在固定阵地中，以保护大城市和工业区。[①]

步兵支援火炮

在战争期间，苏军还大量使用了步兵支援火炮。它们的火力比迫击炮更精确，在打击据点目标时发挥了重要作用。

76.2毫米（3英寸）1927型团属野战炮

该型短管步兵炮源自沙皇俄国的76.2毫米（3英寸）1913型加农炮，其结构简单，于1928年开始被装备部队。其早期版本配备有木制炮轮，由四匹马牵引，后期型号则装备了配有实心轮胎的大型金属炮轮，可以由轻型炮兵牵引车牵引。在1943年停产前，该型火炮一共被生产了近16500门，并一直被部队使用到战争结束。

[①] 译者注：这种"105毫米1934型高射炮"并不存在，所有信息全部来自西方作者的臆测。其真实原型可能是苏联在20世纪30年代启动的100毫米高射炮计划，其成果中最著名的是100毫米 B-14型和L-6型高射炮，它们均由列宁格勒的基洛夫工厂生产。其中，100毫米 B-14高射炮的研发始于1931年，原型在1934年生产完毕；L-6型高射炮于1934年开始研发，并在1939年前完成了4门样炮。但这些火炮都存在设计缺陷，而且质量也不过关，均未通过测试，更没有进行过实战部署。

76.2 毫米（3 英寸）1927 型团属野战炮
在 1940 年和 1941 年,每个苏军步兵团都拥有 6 门该型火炮,主要任务是近距离支援,即用直射火力摧毁敌方据点。

76.2 毫米（3 英寸）1927 型团属野战炮

重量:780 千克（1720 磅）
长度:3.5 米（11 英尺 6 英寸）
炮管长度:1.25 米（4 英尺 1 英寸），身管倍径为 16.5 倍
宽度:1.7 米（5 英尺 7 英寸）
高度:1.3 米（4 英尺 3 英寸）
弹重:6.2 千克（13.6 磅）

炮闩设计:间断螺纹式
仰角:－ 6 度至＋ 25 度
水平射界:6 度
射速:10—12 发 / 分
炮口初速:262 米 / 秒（860 英尺 / 秒）
最大射程:4200 米（13780 英尺）

76.2 毫米（3 英寸）1943 型团属野战炮

在 1941 年和 1942 年的绝望环境中，苏军只能忍受 1927 型团属野战炮的问题，但到 1943 年，研制现代化新式步兵炮的条件已经齐备。这种新步兵炮采用了 1927 型火炮的炮管，而炮架则以 45 毫米（1.77 英寸）1942 型（M-42）反坦克炮为蓝本。

新火炮不仅比原有型号更轻，而且越野能力优秀，更难能可贵的是，它们配备有可以在危急时刻对抗装甲车辆的破甲弹。在 1945 年停产前，该型号一共生产了 5000 多门。

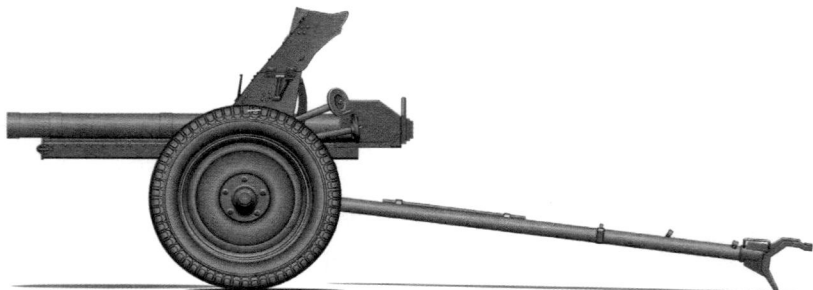

76.2 毫米（3 英寸）1943 型团属野战炮

该火炮发射的 BP-350M 型破甲弹能在 500 米（1640 英尺）外击穿 30 度倾斜的 69 毫米（2.7 英寸）装甲——这极大提升了它们在反坦克作战中的攻击能力。

76.2 毫米（3 英寸）1943 型团属野战炮

重量:600 千克（1322 磅）
长度:3.54 米（11 英尺 7 英寸）
炮管长度:1.25 米（4 英尺 1 英寸），身管倍径为 16.5 倍
宽度:1.63 米（5 英尺 4 英寸）
高度:1.3 米（4 英尺 3 英寸）
弹重:6.2 千克（13.7 磅）

仰角:－8 度至＋25 度
水平射界:60 度
射速:10—12 发 / 分
炮口初速:262 米 / 秒（860 英尺 / 秒）
最大射程:4200 米（13780 英尺）

76.2 毫米（3 英寸）1902 型和 1902/30 型师属野战炮

　　1902 型师属野战炮是苏军最早装备的野战炮，到 1931 年停产前一共生产了 2500 门。[1] 在漫长的生涯中，它们几乎没有多少变化，而且直到 1941 年仍有 2066 门继续服役。由于该火炮的弹药存量巨大，在其他国家陆军列装更大口径火炮的同时，苏军仍把未来野战炮的口径定为了 76.2 毫米（3 英寸）。

　　到 20 世纪 30 年代初，显而易见的是，1902 型野战炮已经过时。为此，苏军决定为该型火炮换装长炮管，并修改了炮架设计，使其最大仰角从 17 度提升到了 37 度，从而极大增加了其射程。20 世纪 30 年代中期，苏军还为该型野战炮配发了全重 6.3 千克（13.8 磅）的穿甲弹，使之能在 500 米（1640 英尺）外击穿 30

---

　　① 译者注：尚不清楚这一数据的来源，但可以确定的是，在 1918 年前，这种火炮就生产了超过 14000 门，而在 1919 年，苏俄红军控制下的兵工厂又生产了 152 门。

76.2 毫米（3 英寸）1902/30 型师属野战炮

虽然大多数 1902/30 型野战炮保留了老式的木制辐条轮，但有些火炮换装了橡胶轮胎，以便由卡车或炮兵牵引车牵引。

76.2 毫米（3 英寸）1902/30 型师属野战炮

重量（放列状态下）:1350 千克（2976 磅）
重量（行军状态下）:2380 千克（5247 磅）
长度:4.88 米（16 英尺）
炮管长度:3.048 米（10 英尺），身管倍径为 40 倍
宽度:1.82 米（6 英尺）
高度:1.6 米（5 英尺 3 英寸）

弹重:7.5 千克（17 磅）
仰角:－ 3 度至＋ 37 度
水平射界:5 度
射速:10—12 发 / 分
炮口初速:662 米 / 秒（2172 英尺 / 秒）
最大射程:13290 米（43600 英尺）

度倾斜的 56 毫米（2.2 英尺）装甲——以当时的水平，这一表现可谓相当出色，而且这种优点还将在苏军未来的师属火炮上延续下去。

76.2 毫米（3 英寸）1936 型（F-22）师属野战炮

　　1902/30 型师属野战炮性能优异，但苏联当局并没有就此止步。20 世纪 30 年代初，他们对"通用型"师属野战炮进行了大量研究，按照设想，这种火炮应具备同时充当野战炮、高射炮和反坦克炮的能力。但这种诱人的设想并不符合

实际：一战期间，很多参战国都试图用野战炮充当高射炮，但到 1918 年后便都放弃了尝试——而到 20 世纪 30 年代中期，面对性能飞速提升的飞机，它更是成了一种空谈。

F-22 型师属野战炮的原型于 1935 年 4 月完工，其装备有炮口制退器，并针对新型弹药调整了炮膛设计，最大射程为 14060 米（46130 英尺）。经过长时间试验，它们最终于 1936 年 5 月列装部队。但在该火炮的生产型上，其炮膛设计又改回了原有形态——因为实验表明，相较于老式炮弹，新弹药的优势有限。另外，为了避免在开火时扬起大量尘土，暴露火炮位置，该火炮的生产型还抛弃了原型火炮上的炮口制退器。

从 1936 年至 1939 年，苏联共生产了 2932 门 F-22 型师属野战炮——由于工厂不熟悉如此复杂的设计，再加上有若干设计问题需要修改，该火炮的生产速度一度非常缓慢。苏军一线部队对它爱又恨：虽然射程增加了，但这种火炮比 1902/30 型师属野战炮更重。另外，苏军将其用于防空的尝试也无果而终，因为如果仰角大于 60 度，其炮闩就很难正常工作。而且该火炮的射界最多只有 60 度，完全无法瞄准飞机。虽然 F-22 型师属野战炮的穿甲能力远优于老式火炮，出色的越野能力也给它们在反坦克任务中加分不少，但其战位布置却颇为尴尬——瞄准具和高低机分别位于炮尾的两边。

76.2 毫米（3 英寸）1939 型（F-22 USV）师属野战炮

在服役之后，F-22 型师属野战炮的问题越发明显。1937 年，苏联当局正式提出需求，希望获得一种替代品。新火炮应继续采用 76.2 毫米（3 英寸）弹药，最大仰角为 45 度，战斗全重不应超过 1500 千克（3300 磅）。在竞争中，F-22 USV 型师属野战炮脱颖而出，并于 1939 年正式投产。在 1942 年年底停产前，苏联方面至少生产了 9800 门该型火炮。

76.2 毫米（3 英寸）1942 型（ZiS-3）师属加农炮

ZiS-3 型师属加农炮的设计始于 1940 年年末，采用了 F-22 USV 型师属野战炮的炮管和 57 毫米（2.24 英寸）ZiS-2 型反坦克炮的炮架。由于炮架重量较轻，容易被后坐力损伤，因此该火炮安装有炮口制退器。

尽管官方对这种火炮缺乏兴趣，但设计师瓦西里·格拉宾（Vasiliy Grabin）冒

ZiS-3 火炮炮组
趁局势平静，1 门 ZiS-3 火炮的炮手们正在休息和进餐。

76.2 毫米（3 英寸）1942 型（ZiS-3）师属野战炮
ZiS-3 经常用于直接射击。一名炮手回忆说："我们在炮轮的左右两边各挖了一个散兵坑，一个给炮手，另一个给装填手。对于 ZiS-3 型火炮，上面不要求全体炮组必须在周围就位……一般只要一个人在就行。炮在开火之后，可以顺势藏在散兵坑里，装填手则上前装好下一发炮弹。之后，炮手返回战位，瞄准目标，把炮弹发射出去，而装填手则钻进掩体。这样，即使火炮被直接命中，两个人中也至少会活下一个。其他炮组也有类似的掩体……这是来自库尔斯克突出部战役的实践经验……能最大限度地减少（炮组人员）伤亡。"

76.2 毫米（3 英寸）1942 型（ZiS-3）师属野战炮

重量(放列状态下)：1116 千克（2460 磅）
重量(行军状态下)：2150 千克（4730 磅）
炮管长度：3.41 米（11 英尺 2 英寸），身管倍径为 42.6 倍
宽度：1.6 米（5 英尺 3 英寸）
高度：1.37 米（4 英尺 6 英寸）
弹重：7.5 千克（17 磅）

仰角：−5 度至＋37 度
水平射界：54 度
射速：最快 25 发／分
炮口初速：680 米／秒（2230 英尺／秒）
最大射程：13290 米（43600 英尺）

着风险自行下达了生产指示，并说服当局开展试验。

好评不断传来，斯大林也亲临测试现场参观。ZiS-3 型师属加农炮给他留下了深刻印象，后来，斯大林将其描述为"……炮兵系统设计的杰作"。

在苏联最高领导人的支持下，ZiS-3 型师属加农炮的生产于 1942 年年初启动，并获得了最高优先权，在战争结束前，其产量已高达 103000 门。

100 毫米（3.94 英寸）1944 型（BS-3）野战炮

BS-3 型野战炮的原型是 100 毫米（3.94 英寸）B-34 型舰载高射炮，前者于 1944 年列装部队。尽管穿甲能力优秀，但它最初并未作为反坦克炮列装，而是作为野战炮配发给了多个军直属炮兵旅。到 1944 年 12 月，它们已在反坦克战斗中崭露头角。1945 年 1 月 15 日，苏军专门下达命令，要求为 12 个反坦克炮兵旅配备 1 个换装 100 毫米（3.94 英寸）火炮的团（每个团 16 门炮）。

在 1945 年年初，近卫第 9 集团军组建时，该部队还额外接收了 1 个反坦克炮兵旅和 3 个炮兵旅（近卫炮兵第 61、第 62 和第 63 旅），这些旅都各自拥有 1 个配备了 100 毫米（3.94 英寸）炮的团。在战争结束前，共有 268 门 BS-3 型野战炮被交付部队，其生产一直持续到 1951 年，总产量接近 600 门。

100 毫米（3.94 英寸）1944 型（BS-3）野战炮
虽然 100 毫米（3.94 英寸）1944 型（BS-3）野战炮拥有出色的反坦克性能，但也存在一些问题，如火炮和弹药都过大与过重。

100 毫米（3.94 英寸）1944 型（BS-3）野战炮

重量:3650 千克（8047 磅）	弹重:15.88 千克（35 磅）
长度:9.37 米（30 英尺 9 英寸）	仰角:－5 度至＋45 度
炮管长度:5.34 米（17 英尺 6 英寸）	水平射界:58 度
身管倍径为 53.5 倍	射速:8～10 发 / 分
宽度:2.15 米（7 英尺 1 英寸）	炮口初速:900 米 / 秒（2953 英尺 / 秒）
高度:1.5 米（4 英尺 11 英寸）	最大射程:20000 米（65600 英尺）

107 毫米（4.2 英寸）1910/30 型军属加农炮

该火炮由 107 毫米（4.2 英寸）1910 型加农炮改进而来，主要变化包括：

· 加装了炮口制退器。

· 修改了炮膛结构，以发射分装弹药。

· 改进了复进机、摇架和俯仰机构。

107 毫米（4.2 英寸）1910/30 型军属加农炮
这种火炮可以发射多种弹药，包括高爆弹、破片弹、燃烧弹、烟雾弹和风帽被帽穿甲弹，但木制辐条轮限制了它们的机动性——导致其最大牵引速度只有 6 千米/时（4 英里/时）。[1]

107 毫米（4.2 英寸）1910/30 型军属加农炮

重量（放列状态下）:2535 千克（5589 磅）	**弹重**:17.18 千克（37.8 磅）
重量（行军状态下）:3000 千克（6614 磅）	**仰角**:－5 度至＋37 度
长度:7.53 米（24 英尺 8 英寸）	**水平射界**:6 度
炮管长度:3.9 米（12 英尺 10 英寸），身管倍径为 36.6 倍	**射速**:5—6 发/分
宽度:2.06 米（6 英尺 9 英寸）	**炮口初速**:670 米/秒（2953 英尺/秒）
高度:1.74 米（5 英尺 9 英寸）	**最大射程**:16130 米（52900 英尺）

---

① 译者注：原文如此，此处配图有误，照片中的火炮其实是一门 152 毫米（5.98 英寸）1910/34 型加农炮。

绝大多数这种"长寿"的火炮仍由畜力牵引，在 1935 年停产前，其总产量（包括改装和新造）至少有 800 门。其中有数百门似乎幸存到了 1943 年，还有一些甚至到 1945 年仍在服役。

107 毫米（4.2 英寸）M1940 型（M-60）师属加农炮

苏联于 1938 年开始研发 M-60 型师属加农炮，目的是生产一种威力远超 76.2 毫米（3 英寸）加农炮的武器，以取代这种自 1902 年后一直充当俄国野战炮兵主力的火炮。最初，设计者们关注的是 95 毫米（3.7 英寸）口径的设计方案，但经过几番研讨之后，他们最终还是决定把这款加农炮的口径提升到 107 毫米（4.2 英寸）。此举主要是因为苏军装备过 107 毫米的火炮，这样一来，他们就不需要再为 95 毫米（3.7 英寸）火炮专门生产机具，而是可以充分利用现有资源。

另一个原因则来自库利克元帅，他执着地相信，德军正在生产一种超重型坦克，而要想对付它们，就必须使用 107 毫米（4.2 英寸）炮这样的高初速和大威力的火炮。

1940 年 10 月，M-60 型师属加农炮正式服役，但在德国入侵苏联后不久就停产了，只有 139 门竣工并交付给了部队。其原因有以下几点：

· M-60 型师属加农炮比较重，需要炮兵牵引车拖曳，但在"巴巴罗萨"行动的最初几个月里，苏军损失了大量装备，导致炮兵牵引车数量奇缺。

· 苏军缺乏将该火炮用作反坦克武器的迫切需求。

· 该火炮的生产工艺复杂，维护烦琐——当时，苏联的军事工业正在大批迁往乌拉尔山区，但当地的生产条件极为简陋。在这种情况下，恢复 M-60 型师属加农炮的生产并不现实。

虽然在 1943 年，有些 M-60 型师属加农炮参加了库尔斯克战役，但是绝大多数 M-60 型师属加农炮似乎都在 1941 年和 1942 年进行的战争中损失了。此外，还有报告显示，1944 年时，曾有六门该型火炮参加了收复塞瓦斯托波尔的战斗。

107 毫米（4.2 英寸）M1940 型（M-60）师属加农炮
M-60 师属加农炮是一种强大的武器，但不适合在 1941 年和 1942 年时深陷混乱的苏军。

107 毫米（4.2 英寸）M1940 型（M-60）师属加农炮

重量(放列状态下):4000 千克（8818 磅）
重量(行军状态下):4300 千克（9480 磅）
长度:8.09 米（26 英尺 7 英寸）
炮管长度:4.47 米（14 英尺 8 英寸），身管倍径为 41.8 倍
宽度:2.23 米（7 英尺 3 英寸）
高度:1.92 米（6 英尺 4 英寸）

弹重:17.4 千克（38.4 磅）
仰角:－4.5 度至＋45 度
水平射界:60 度
射速:6—7 发／分
炮口初速:670 米／秒（2953 英尺／秒）
最大射程:16130 米（52900 英尺）

122 毫米 1909/37 型榴弹炮

　　122 毫米 1909/37 型榴弹炮是 122 毫米 1909 型榴弹炮的改进版——后者由克虏伯公司设计，并被沙俄军队采用（其中很多在战争中幸存了下来并被苏军接收）。直到 1937 年，这种武器都没有太大变化，但在此时，相关改进工程也被提上了日程。有超过 900 门火炮被修改了炮膛结构，以便使用大尺寸的发射药。此外，这些火炮还被换装了更坚固的炮架和新式瞄准具。1941 年 6 月，仍有约 800 门该型火炮在苏军中服役，其中许多在 1941 年和 1942 年的惨败中损失了，幸存的则大多在 1943 年之前退役。

122 毫米（4.8 英寸）1910/30 型榴弹炮

　　122 毫米（4.8 英寸）1910/30 型榴弹炮是 122 毫米 1910 型榴弹炮的改进版——后者由施耐德公司设计，并被沙俄军队采用。从 1930 年开始，苏军改进了幸存的火炮，包括修改炮膛结构（以适应更大的装药量）和换装了更坚固

加里宁前线

1941—1942 年冬天，一名哨兵正在 M–30 型榴弹炮阵地站岗。

122 毫米（4.8 英寸）1910/30 型榴弹炮

重量(放列状态下):1466 千克（3232 磅）

重量(行军状态下):2510 千克（5534 磅）

长度:不详

炮管长度:1.53 米（5 英尺），身管倍径为 12.6 倍

宽度:不详

高度:1.82 米（6 英尺）

弹重:21.76 千克（48 磅）

仰角:－ 3 度至＋ 45 度

水平射界:4 度

射速:2 发／分

炮口初速:364 米／秒（1194 英尺／秒）

最大射程:8910 米（29230 英尺）

的炮架和俯仰机构。另外，新型号也被改进了缓冲系统，并配备了新式瞄准具。除了改进老产品之外，苏军还制造了大量新炮。122 毫米 1910/30 型榴弹炮的生产一直持续到 1941 年，当时已有超过 5900 门该型火炮完工下线。

122 毫米（4.8 英寸）1938 型（M-30）榴弹炮

到 20 世纪 30 年代后期，1909/37 型和 1910/30 型的榴弹炮显然已经过时了——这些火炮不仅射程较近，而且仰角和机动性也不如其他国家的同类产品。1938 年和 1939 年，苏军对各种 122 毫米（4.8 英寸）榴弹炮进行了长期测试，其间，M-30 型榴弹炮脱颖而出，并在 1940 年列装部队。M-30 型榴弹炮在战斗中表现出色，其生产一直持续到 1960 年，总产量超过 19000 门。

东普鲁士，1945 年春
在支援白俄罗斯第 3 方面军向柯尼斯堡推进期间，一门掩体中的 M-30 型榴弹炮正在向敌人开火。

122 毫米 1938 型（M-30）榴弹炮

虽然这种火炮是曲射武器，但仍在 1943 年中期列装了 BP-460A 型破甲弹——这种炮弹可以击穿 100-160 毫米（3.94-6.3 英寸）厚的垂直装甲，为 M-30 型榴弹炮提供了颇为可观的反坦克能力。

122 毫米 1938 型（M-30）榴弹炮

重量(放列状态下):2450 千克（5401 磅）

重量(行军状态下):3100 千克（6834 磅）

长度:5.9 米（19 英尺 4 英寸，含火炮前车）

炮管长度:2.67 米（8 英尺 9 英寸），身管倍径为 21.9 倍

宽度:1.98 米（6 英尺 6 英寸）

高度:1.82 米（6 英尺）

弹重:21.76 千克（48 磅）

仰角:－3 度至＋63.5 度

水平射界:49 度

射速:5—6 发 / 分

炮口初速:458 米 / 秒（1503 英尺 / 秒）

最大射程:11800 米（38700 英尺）

牵引式火炮

一门带有伪装的 122 毫米 1931/37 型加农炮，由"斯大林战士"ChTZ S-65 火炮牵引车牵引。

122 毫米（4.72 英寸）1931 型（A-19）和 1931/37 型（A-19M）加农炮

　　苏军对新式远程火炮的研究始于 1927 年，但最终的产品原型直到 1931 年才完成。在完成初步试验之后，原型火炮又回到工厂接受了大幅度修改。直到 1935 年，A-19 型加农炮才被部队接收。在工厂于 1939 年转产 1931/37 型（A-19M）加农炮之前，共有 450 到 500 门 A-19 型加农炮完工下线。

　　在服役期间，A-19 型加农炮暴露出了许多问题——俯仰机构动作缓慢，可靠

122 毫米（4.72 英寸）1931 型（A-19）加农炮
A-19 型加农炮伴随苏军参与了整场战争——1941 年 6 月，该炮有 387 门服役，到 1945 年 5 月还剩 289 门。

122 毫米（4.72 英寸）1931 型（A-19）加农炮

重量（放列状态下）:7100 千克（15653 磅）　　　**弹重:**25 千克（48 磅）
重量（行军状态下）:7800 千克（17196 磅）　　　**仰角:**−2 度至 +45 度
长度:8.9 米（29 英尺 2 英寸）　　　　　　　　　**水平射界:**56 度
炮管长度:5.48 米（20 英尺），身管倍径为 45 倍　**射速:**3—4 发/分
宽度:2.33 米（7 英尺 8 英寸）　　　　　　　　　**炮口初速:**800 米/秒（2640 英尺/秒）
高度:1.99 米（6 英尺 6 英寸）　　　　　　　　　**最大射程:**20400 米（66930 英尺）

性差，实心橡胶轮胎导致牵引速度缓慢。另外，A-19 型加农炮的炮架设计也过于复杂了。当时，苏军为 152 毫米（5.98 英寸）M1937 型加榴炮开发了一种现代化炮架。随后，这种现代化炮架被移植到了 A-19 型加农炮上。

　　A-19 型加农炮的改进型火炮在 1938 年通过测试，并以"1931/37 型加农炮"的身份列装部队。在德军入侵苏联期间，苏军拥有的该型火炮可能多达 1300 门，在 1946 年停产前，已有近 2500 门该型火炮完工下线。

152 毫米（5.98 英寸）1909/30 型榴弹炮

　　一战期间，施耐德公司设计的 152 毫米（5.98 英寸）1909 型榴弹炮曾广泛

152 毫米（5.98 英寸）1909/30 型榴弹炮
照片中的是一门 1909/30 型榴弹炮的后期型，该火炮配备了带橡胶轮胎的金属轮，可以由卡车或炮兵牵引车拖曳前进。

---

152 毫米（5.98 英寸）1909/30 型榴弹炮

重量(放列状态下):2810 千克（6195 磅）　　　　**弹重:**40 千克（88 磅）
重量(行军状态下):3270 千克（7209 磅）　　　　**仰角:**0 度至＋41 度
长度:5.84 米（19 英尺 2 英寸）　　　　　　　　　**水平射界:**2 度 50 分
炮管长度:1.9 米（6 英尺 3 英寸），身管倍径为 13.1 倍　　**射速:**2 发 / 分
宽度:1.89 米（6 英尺 2 英寸）　　　　　　　　　**炮口初速:**344 米 / 秒（1129 英尺 / 秒）
高度:1.92 米（6 英尺 4 英寸）　　　　　　　　　**最大射程:**8850 米（29035 英尺）

装备沙俄军队，并在 20 世纪 20 年代继续为苏军效力。相关改进工程在 1931 年启动：最初只是修改了炮膛结构，以满足强装药发射所需。大部分火炮仍保留着原装的木制辐条轮，但从 1937 年起，有些火炮便改用了配备实心橡胶轮胎的金属轮，以提高牵引速度。

在 1941 年停产前，1909/30 型榴弹炮的总产量（包括改装的和新造的）可能高达 2600 门，是 1941 年 6 月时苏军 152 毫米（5.98 英寸）榴弹炮中当之无愧的主力。从 1943 年起，该型火炮逐渐被新式的 152 毫米（5.98 英寸）D-1 型榴弹炮取代，但有些仍然服役到战争结束。

152 毫米（5.98 英寸）1938 型（M-10）榴弹炮

M-10 型榴弹炮采用了分装式弹药，发射药有八种不同规格。在这些弹药中，最特别的是 G-530 型混凝土爆破弹，在 1000 米（3280 英尺）距离上，它可以穿透厚达 1 米（3.3 英尺）的钢筋混凝土。

152 毫米（5.98 英寸）1938 型（M-10）榴弹炮

重量（放列状态下）：4150 千克（9049 磅）
重量（行军状态下）：4550 千克（10031 磅）
长度：6.39 米（20 英尺 11 英寸）
炮管长度：3.7 米（12 英尺 2 英寸），身管倍径为 25 倍
宽度：1.9 米（6 英尺 2 英寸）
高度：2.08 米（6 英尺 10 英寸）

弹重：40 千克（88 磅）
仰角：－1 度至＋65 度
水平射界：50 度
射速：3～4 发／分
炮口初速：508 米／秒（1667 英尺／秒）
最大射程：12400 米（40680 英尺）

152 毫米（5.98 英寸）1938 型（M-10）榴弹炮

在 20 世纪 30 年代后期，苏军使用的大部分 152 毫米（5.98 英寸）榴弹炮已明显过时。1937 年，苏联工程师们开始设计替代型号，并在次年对原型样炮做了测试。但在此期间，样炮暴露出的结构缺陷数不胜数，导致设计必须进行全面修改。1939 年 9 月，改进后的火炮正式被军方采用，新火炮被加长了炮管，并被命名为 152 毫米（5.98 英寸）1938 型（M-10）榴弹炮。

从 1939 年至 1941 年，大约有 1500 门该型榴弹炮完工，但之后生产再也没有继续：这主要是因为该型榴弹炮的结构过于复杂，乌拉尔山区的新工厂无力生产。

152 毫米（5.98 英寸）1943 型（D-1）榴弹炮

1942 年，苏军开始设计 152 毫米（5.98 英寸）1943 型（D-1）榴弹炮——该榴弹炮采用了 M-30 型榴弹炮的炮架，以及 M-10 型榴弹炮的炮管。唯一的重大变化是，新型榴弹炮安装有炮口制退器，以确保较轻的炮架可以吸收后坐力，不至于在开火时损坏。试验在 1943 年 5 月进行，同年 8 月，新型榴弹炮通过了审批，

152 毫米（5.98 英寸）1943 型（D-1）榴弹炮
D-1 型榴弹炮是一种非常成功的设计，在 1943 年至 1949 年间完成了超过 2800 门。

152 毫米（5.98 英寸）1943 型（D-1）榴弹炮

重量（放列状态下）：3640 千克（8025 磅）	弹重：40 千克（88 磅）
重量（行军状态下）：3600 千克（7937 磅）	仰角：－3 度至 +63.5 度
长度：6.7 米（22 英尺）	水平射界：35 度
炮管长度：3.117 米（10 英尺 3 英寸），身管倍径为 24.6 倍	射速：3~4 发 / 分
宽度：1.8 米（5 英尺 11 英寸）	炮口初速：508 米 / 秒（1667 英尺 / 秒）
高度：1.8 米（5 英尺 11 英寸）	最大射程：12400 米（40690 英尺）

被允许服役。因为新型榴弹炮可以利用 M-30 型榴弹炮和 M-10 型榴弹炮的库存部件，所以生产速度较快。

另外，新型榴弹炮比旧型号更加轻便灵活，在柏油路面上的最高牵引速度为每小时 40 千米（每小时 25 英里），在碎石路或木排路上的最高牵引速度为每小时 30 千米（每小时 19 英里），越野状态下的最高牵引速度为每小时 10 千米（每小时 6 英里）。虽然这款榴弹炮的射程不如敌方的同类火炮 [如 150 毫米（5.9 英寸）sFH 18 榴弹炮]，但其重量轻了近 2 吨，在东线令人发指的恶劣地形中，由此获得的机动性优势不言而喻。

152 毫米（5.98 英寸）1910/30 型加农炮

在俄国内战结束时，苏俄军队共有大约 25 门由施耐德公司设计的 152 毫米（5.98 英寸）1910 型加农炮，它们直到 20 世纪 20 年代仍在服役。这些幸存下来的火炮在 1930 年接受了改装，成为所谓的 "1910/30 型"。其中，主要改动包括：

· 修改炮膛结构，以适应更大的装药量。

· 安装大型多孔式炮口制退器。

· 增加大架长度，以提高火炮在低仰角状态下开火的稳定性。

上述改进相当成功。除了对少量幸存的 1910 型加农炮进行改装之外，在 1935 年之前，苏联还按新规格生产了一些新火炮（总产量为 152 门）。这些新火炮中的大部分都使用到了德军入侵苏联之时，但没有多少在 1942 年之后幸存下来。

152 毫米（5.98 英寸）1910/34 型加农炮

1910/34 型加农炮是 1910/30 型加农炮的后续改进型，其采用了 122 毫米（4.8 英寸）1931 型加农炮的开式大架。该型加农炮使用的炮管与 1910/30 型加农炮相同，但新设计的炮车极大改善了前者的机动性，使炮管无须拆下单独运输。从 1934 年至 1937 年，共有 275 门该型火炮完工。随后，相关工厂开始转产 ML-20 型加榴炮。

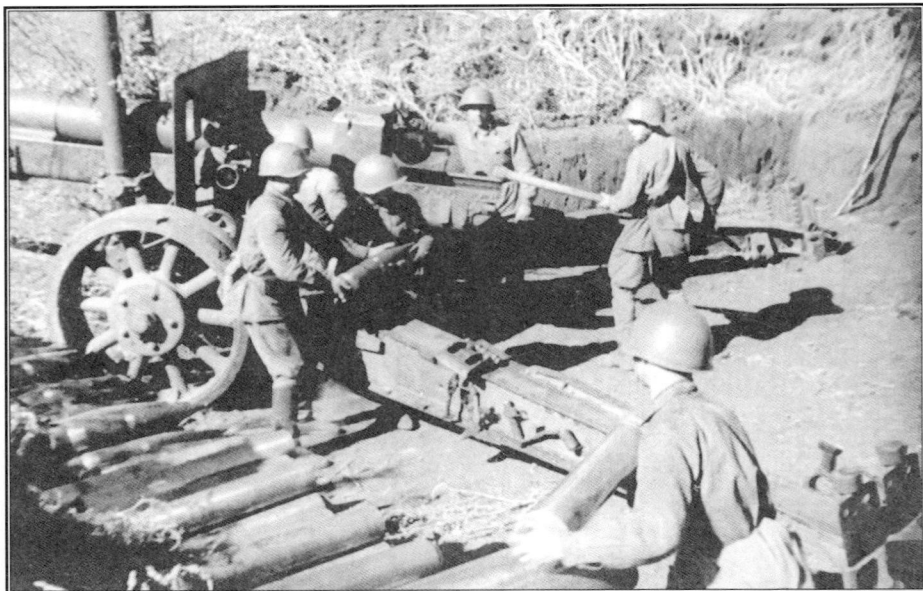

152 毫米（5.98 英寸）1910/34 型加农炮
一门装填中的 152 毫米（5.98 英寸）1910/34 型加农炮。弹头的引信已设置完毕，装弹手正准备将炮弹推入后膛，还有人正在向火炮旁的弹药堆搬运更多药筒。

152 毫米（5.98 英寸）1910/34 型加农炮

重量(放列状态下):7100 千克（15653 磅）
重量(行军状态下):7820 千克（172401 磅，含火炮前车）
长度:8.1 米（26 英尺 7 英寸）
炮管长度:4.29 米（14 英尺 1 英寸），身管倍径为 29 倍（不含炮口制退器）
宽度:2.33 米（7 英尺 8 英寸）
高度:1.99 米（6 英尺 6 英寸）

弹重:43.6 千克（961 磅）
仰角:－4 度至＋45 度
水平射界:56 度
射速:3—4 发 / 分
炮口初速:650 米 / 秒（2133 英尺 / 秒）
最大射程:17265 米（56640 英尺）

152 毫米（5.98 英寸）1937 型（ML-20）加榴炮

ML-20 型加榴炮是 1910/30 型加农炮的最终发展版，其仰角和越野能力得到了显著提高。该型号的加榴炮的生产时间为 1937 年至 1947 年，总产量为 6800 门。

ML-20 型加榴炮是苏军战时最优秀的远程火炮，其射程远在德制同类产品 [如 150 毫米（5.9 英寸）sFH 18 榴弹炮] 之上，可以从容压制敌方炮兵。

行军准备

一门 ML-20 型加榴炮的炮组成员正在做行军准备。这门 ML-20 型加榴炮的炮管已被收起，炮架也被固定在双轮拖车上，准备挂上火炮牵引车。

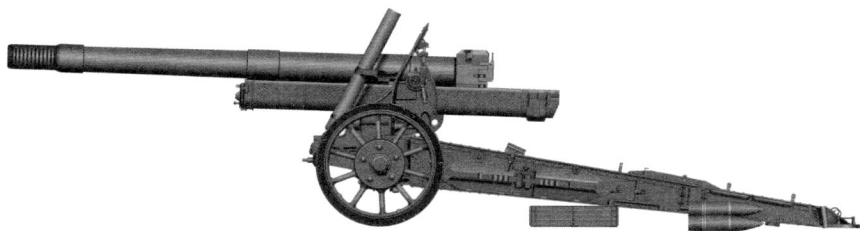

152 毫米（5.98 英寸）1937 型（ML-20）加榴炮

这是一门早期生产的 ML-20 型加榴炮，该火炮配备了 1910/34 型加农炮的实心辐条陆轮。

---

152 毫米（5.98 英寸）1937 型（ML-20）加榴炮

重量(放列状态下)：7270 千克（16027 磅）

重量(行军状态下)：7930 千克（17482 磅）

长度：8.18 米（26 英尺 10 英寸，行军状态下炮管收起时，含火炮前车）

炮管长度：4.29 米（14 英尺 1 英寸），身管倍径为 29 倍（不含炮口制退器）

宽度：2.35 米（7 英尺 9 英寸）

高度：2.27 米（7 英尺 5 英寸）

弹重：43.6 千克（96 磅）

仰角：－ 2 度至＋ 65 度

水平射界：58 度

射速：3—4 发 / 分

炮口初速：650 米 / 秒（2133 英尺 / 秒）

最大射程：17265 米（56640 英尺）

152毫米（5.98英寸）1935型（Br-2）加农炮

1929 年，苏军启动了 152 毫米（5.98 英寸）远程加农炮的开发计划，其最初的产品被称为 B-10 型加农炮。该火炮的设计有一个醒目之处——炮车底盘为履带式。B-10 型加农炮的原型于 1932 年竣工，但在漫长的试验过程中，许多重大问题相继暴露出来——如炮管仰起速度慢、射速低和炮管寿命极短。

为了解决上述问题，工程师们想尽办法，但都未能奏效。随后，B-10 型加农炮被迫下线，并由一个全新的重型火炮家族取而代之，后者包括三种口径的火

152 毫米（5.98 英寸）1935 型（Br-2）加农炮
Br-2 型加农炮参与了整个战争，并在 1943 年的库尔斯克战役中大放异彩。另外，如上方照片所示，在柏林，苏军经常用 Br-2 型加农炮直接轰击德军据点。

152毫米（5.98英寸）1935型（Br-2）加农炮

重量(放列状态下):18200 千克（40100 磅）	**弹重**:49 千克（108 磅）
重量(行军状态下):19500 千克（43000 磅）	**仰角**:0 度至＋60 度
长度:11.44 米（37 英尺 6 英寸）	**水平射界**:8 度
炮管长度:7.17 米（23 英尺 6 英寸），身管倍径为 47.2 倍	**射速**:2～3 分钟／发
宽度:2.49 米（8 英尺 2 英寸）	**炮口初速**:880 米／秒（2887 英尺／秒）
高度:3.2 米（10 英尺 6 英寸）	**最大射程**:27000 米（88580 英尺）

炮——152 毫米（5.98 英寸）加农炮、203 毫米（8 英寸）榴弹炮和 280 毫米（11 英寸榴弹炮）——而且都采用了相同的履带式炮车。

在这个全新的重型火炮家族中，152 毫米加农炮的代号为"Br-2"，有着与 B-10 型加农炮高度相似的炮管，而其炮车则与 203 毫米（8 英寸）B-4 型榴弹炮相同。1936 年，Br-2 型加农炮正式服役，到 1940 年停产前一共完成了 37 门。

虽然 Br-2 型加农炮的研制时间极为漫长，但它仍然存在很多问题（例如炮管磨损速度快）。这款火炮另一个令人诟病的地方是机动性不佳：整个火炮需要"伏罗希洛夫"重型炮兵牵引车拖曳，最大时速仅为 8 千米 / 时（5 英里 / 小时），而且在长途机动中，其炮管必须拆下，并安装在专用运输拖车上。此外，该火炮的重新组装同样耗时漫长，在长途机动之后，炮组成员需要至少 45 分钟的时间才能让武器恢复作战状态。

虽然苏军也试图研制更新式的轮式炮车，以提高牵引速度，但这些尝试都不太成功。直到 1955 年，新式多轮炮车才完成生产——这款新式多轮炮车让"火炮的整体运输"变成了现实。装备该炮车的火炮被称为"Br-2M"。Br-2M 型加农炮一直服役到 20 世纪 70 年代。

203 毫米（8 英寸）1931 型（B-4）榴弹炮
B-4 型榴弹炮也被称为"斯大林之锤"，在战争结束前夕，苏军经常用它们直接轰击柏林的德军据点。

203 毫米（8 英寸）1931 型（B-4）榴弹炮

重量(放列状态下)：17700 千克（39022 磅）
重量(行军状态下)：19000 千克（41888 磅）
长度：11.15 米（36 英尺 7 英寸）
炮管长度：5.087 米（16 英尺 8 英寸），身管倍径为 25 倍
宽度：2.7 米（8 英尺 10 英寸）
高度：2.5 米（8 英尺 2 英寸）

弹重：100 千克（220 磅）
仰角：0 度至＋60 度
水平射界：8 度
射速：2—3 分钟 / 发
炮口初速：607 米 / 秒（1990 英尺 / 秒）
最大射程：18000 米（59055 英尺）

203 毫米（8 英寸）1931 型（B-4）榴弹炮

这是 20 世纪 30 年代苏军履带式火炮家族中的另一个成员,它于 1934 年服役,直到 1944 年或 1945 年仍然在被生产,总产量约为 870 门。和 Br-2 型加农炮一样,该火炮可以由"伏罗希洛夫"重型炮兵牵引车进行短距离牵引,最大时速为每小时 8 千米（每小时 5 英里）；如果是长途行军,炮组人员就必须把炮管拆下,并将之安放到专用运输拖车上。

战争结束后,B-4 型榴弹炮仍在苏军中服役,并在 20 世纪 50 年代中期换装了新式的四轮炮车,从而获得了"不拆卸炮管直接长途行军"的能力。改装后的 B-4 型榴弹炮至少服役到了 20 世纪 70 年代。

280 毫米（11 英寸）1939 型（Br-5）榴弹炮

该火炮是 20 世纪 30 年代的苏军履带式火炮家族中的最后一个成员。280 毫米（11 英寸）1939 型（Br-5）榴弹炮的相关信息较少,苏联方面可能在 1939 年和 1940 年间生产了 45 门该型号的榴弹炮。据悉,这款榴弹炮参与了整场战争。

房屋肃清训练

学习如何肃清房屋的苏联步兵——他们装备了 PPD-40 冲锋枪和 RDG-33 手榴弹。苏军的步兵训练以简单粗暴而著称，会大量使用实弹。

第三章

步兵武器

　　大部分苏军步兵只接受过最基本的训练。理论上，每个动员兵通常只会在训练团中待上 3 个月，之后就会被派往作战单位。苏军的扩张给训练中心带来了巨大压力，令后者几乎不堪重负——这种情况甚至在战前就已存在（军队从 1934 年时的 885000 人扩张到了 1939 年时的 1300000 人）。有的训练中心甚至没有营房，伙食设施也很原始，食物中毒事件此起彼伏、屡见不鲜。有一次，变质鱼肉曾导致多达 350 名新兵住院。

　　对苏军新兵来说，恶劣的生活条件还不是最大的麻烦。在训练中，相关装备和器材奇缺，更令他们头痛不已。射击技能不合格的新兵大有人在。这一点不值得奇怪，因为很多人打过的实弹根本不超过五发，而且极高的酗酒率经常引发射击事故。

　　在战争期间，苏军规定每天为每个士兵配发 100 毫升（3.5 盎司）伏特加，但在很多情况下，这实际是一种"帮倒忙"。由于士兵喝得不省人事，很多部队蒙受了不必要的损失——甚至直到 1944 年和 1945 年都是如此。在布达佩斯包围战中，守城的德国和匈牙利军队经常在撤离建筑物时留下大量酒类，让接踵而至的苏联人"享用"。很少有苏军士兵能抵抗这种诱惑——很多人会在次日遭遇反攻时醉得一塌糊涂，让敌人轻松得手。

行军

奔赴前线的苏军步兵,他们携带着多种武器,包括PPSh-41冲锋枪、SVT-40自动步枪和DP轻机枪。

苏军步兵在训练上的问题,早在"冬季战争"中对阵芬军时便暴露无遗。这种情况在步兵和摩托车单位尤其严重。许多来自乌克兰的动员兵,甚至没有基本的冬装,无法适应芬兰冬季的恶劣条件。雪上加霜的是,苏联的后勤系统很快就崩溃了,很多士兵甚至一天都吃不上一顿热饭,失温和疾病导致了很多伤亡(可能多达60000人)。芬兰军队的规模较小,但士兵训练有素,并且士气高昂,他们以26000多人阵亡、44000人受伤的代价让苏军阵亡了85000人,超过186000人受伤。另外,苏军中"还有些战斗伤亡来自政治教条",自"大清洗"之后,政治教条便取代了战术训练——有些高级军官甚至被禁止采取伪装措施,因为它们是"怯懦的表现"。

"冬季战争"就像当头一棒,让苏军猛然醒悟,但"大清洗"造成的损失已无可挽回。在德军入侵前夕,苏军的重建工作还远没有完成。虽然各个兵种的问题都很多,但步兵尤其严重。苏联的征兵制度更是让问题雪上加霜:能力最强、受教育程度最高的新兵大多被分配给了内卫部队(如内务人民委员部)和技术兵种(如工程兵),而步兵则大多由农民和体力工人担任(这些人的军事素质普遍不高,而且缺乏技术知识)。

在德军进攻苏联之初，苏军中的大部分步兵和摩托化步兵单位的人员不仅训练水平低，而且对步坦协同和步炮协同全然无知。而他们的对手则训练有素，能熟练地召唤远程火炮和迫击炮火力，压制苏联步兵，让苏军装甲部队沦为被反坦克炮和坦克屠杀的靶子。

在战争的大部分阶段，苏军都缺乏卡车，这导致大多数摩托化步兵都只能作为"坦克骑手"（tankodesantniki）投入战斗。针对这些搭载人员，苏军最初几乎没有采取任何专门措施，最多是在车体和炮塔上添加几根抓握用的绳索，给在坦克发动机舱盖上挤作一团的搭载兵带来了更大风险。一般来说，每种坦克的人员搭载数量是：

· 重型坦克：10—12 人

· 中型坦克：8—10 人

· 轻型坦克：5—6 人

进攻！
一个进攻中的苏军步兵班，其成员装备了莫辛纳甘卡宾枪和PPSh-41冲锋枪。

实际上，严重超载的情况屡见不鲜：有些 T-34 坦克可能会搭载 15 名步兵，这导致每个人必须紧贴着车体和炮塔。

后来生产的苏联坦克和自行火炮大多安装有扶手，以减少"乘客"们的危险。有时，苏军还会在坦克和自行火炮的车体侧面与后方固定原木，以充当临时平台。虽然血腥的战争磨砺了苏军，但他们的步兵战术仍然是简单粗暴的，并且他们也为此付出了高昂代价，这种情况一直持续到战争结束。

到 1944 年，尽管苏军在战场上节节胜利，但人力短缺问题也越发严重。苏联的 500 多个师无法达到额定编制。虽然坦克和机械化部队总能得到足够的补充兵，并因此保持满编状态，但各个步兵师总是略逊一筹。

在 1941 年 4 月，每个苏联步兵师的额定编制人数是 14483 人，经过几轮缩编，到 1943 年 4 月，这一数字已经下降到了 9380 人——但即使如此，苏联步兵师仍然很难达到满编状态。至于一线步兵的情况就更不容乐观了。以近卫步兵第 81 师在

等待德国坦克
库尔斯克战役中的 PTRS-41 反坦克步枪小组——他们处在一片暴露的阵地上。为了避免伤亡，等待目标进入有效射程，反坦克步枪射手一般需要良好的掩护和伪装。

126

1943 年 9 月的情况为例，当时该师只有 3188 名官兵，而一线步兵则只有 539 人。1943 年年底，德军注意到，在抓获的俘虏中，18 岁以下和 50 岁以上人员的比例越来越高——这些都反映了苏联当局在搜罗兵员方面的绝望尝试。随着苏军不断推进，征兵的目标逐渐放宽到了"解放"领土上几乎所有 60 岁以下的成年男子。另外，各个方面军司令也得到批准，可以为缺编严重的部队制定应急组织编制表。虽然各个方面军情况不一，但其下属步兵师的人数一般在 4400 人到 8000 人不等。

随着战争的继续，苏联的惩戒单位也越来越多（多被用于加强孱弱的步兵师）。虽然证据不够确凿，但似乎从"冬季战争"开始，苏军便组建了惩戒部队（平均每个集团军拥有一个营）。在斯大林于 1942 年 7 月发布了"第 227 号命令"之后，这些惩戒单位的数量迅速增加，并在战争的后续阶段被广泛使用。1942 年 8 月 22 日，即德军兵临伏尔加河畔不久，第一个惩戒营被派往斯大林格勒方面军。在经过三天的战斗后，这个惩戒营（共有 929 人，他们之前全部是军官）只有 300 人幸存。

人员短缺

1942 年 11 月 26 日，朱可夫发布命令——"陆军惩戒单位的地位"（The Status of Penal Units of the Army），对惩戒单位的人员编成做了规范。按照这份命令，每个惩戒营（shtrafbat）应由 360 人组成，每个惩戒连应有 100 到 150 人，他们只有在行动前才能领取武器和弹药。另外，每个惩戒单位还拥有一个全副武装的小型警卫分队。据估计，在战争期间，至少有 500000 名来自古拉格的军事人员和囚犯被编入惩戒营，以此作为惩罚措施。

这些惩戒单位的数量迅速增长，以近卫第 2 集团军为例，该集团军曾有七个惩戒营，而在整个苏军中，惩戒连的数量最终超过了 1049 个。

一般来说，受刑人员 [其中最极端的情况是死刑犯（这也是"第 227 号命令"中的标准惩罚）] 一般会在步兵惩戒营和惩戒连中服役一个月到三个月不等。如果在战斗中负伤（即"用鲜血洗清了罪孽"）或者有英勇表现，这些人员将被提前释放，调回正常的一线单位。理论上，所有惩戒营的人员都可以获得勋章，并在离开时恢复所有荣誉，但对于"政治上不忠诚"的人，这顶帽子将被永远扣在头上。

毫不奇怪，很多苏军都把进入惩戒营当成了变相的死刑。他们经常在警卫人员和"拦阻分队"的枪口下投入战斗。按照官方意见，由于这些人员不够可靠，因此理应成为减少正规单位损失的"消耗品"，其运用方式包括：

·发动进攻，刺探敌人的防御。

·充当"人肉排雷器"——在主攻打响前穿越雷区，引爆地雷。

·充当诱饵，吸引敌方火力——这种方式在冬季作战中最有效，因为惩戒单位极少拥有雪地伪装服。

最初，警卫人员和"拦阻分队"都是来自正规部队的可靠人员，但他们经常拒绝向撤退的士兵开枪，这导致他们后来被内务人民委员部和锄奸部（SMERSH，于1943年4月组建，是内务人民委员部下属的军事情报机构①）的人员取代。

1943年5月时，苏军每个方面军几乎都有10到15个惩戒营。这些惩戒营几乎参与了苏军发起的所有攻势，负责为后续部队开辟道路，并因此损失惨重。

1944年和1945年，相对于严重的人员短缺，苏军的步兵武器却拥有大量的富余，相关部门甚至还在1944年做了减产（步枪和卡宾枪的产量从1943年的3850000支下降到了次年的2060000支）。

左轮手枪和标准手枪

左轮手枪和标准手枪并非主要的一线作战武器，但在特种部队和游击队中却能发挥重大作用。

纳甘1895左轮手枪

这款手枪是沙俄军队的标配，一直生产到1945年。其枪机设计独具特色：扳动击锤之后，弹巢会随之一起转动，并向前移动，封闭弹巢与枪管之间的空隙。在弹巢向前移动时，细长的弹壳会被推入枪管后部的一个圆锥形区域，从而实现气密。此外，这种设计还将这款手枪的枪口初速提高了每秒15—45米（即每秒50—150英尺）。

---

① 译者注：原文如此，此处有误，该机构并非内务人民委员部的下属单位，而是隶属于国防人民委员部的，其领导人则直接对斯大林负责。

在苏军中，左轮手枪一般会被配发给陆军和内务人民委员部的军官。另外，还有一些加装了消音器的左轮手枪会被配发给团属侦察排的侦察兵（razvedchiki）。该型号手枪的总产量可能有2000000支。

纳甘1895左轮手枪
由于坚固和耐用，纳甘1895左轮手枪的服役历史极为悠久。正如一位沙俄陆军军官所说："……不管纳甘1895左轮手枪出了什么问题，你拿锤子敲几下都能解决。"

纳甘1895型左轮手枪

口径:7.62毫米（0.3英寸）
长度:235毫米（10.5英寸）
枪管长度:114毫米（4.5英寸）
重量:0.8千克（1.8磅）

供弹:7发转轮
枪口初速:272米/秒（750英尺/秒）
有效射程:22米（25码）

托卡列夫TT-33手枪

苏军最早使用的托卡列夫自动手枪是TT-30手枪：20世纪30年代初，部队试验性地装备了数千支该型号的手枪。根据反馈意见，托卡列夫又设计了新的改进型——TT-33手枪。

到"巴巴罗萨"行动前夕，苏联共生产了600000支TT-33手枪。苏联直到1952年都还在生产TT-33手枪，该手枪的总产量高达1700000支。

托卡列夫 TT-33 手枪
德国人缴获了大量的 TT-33 手枪，并将其命名为 "Pistole 615（r）"，同时改用与托卡列夫 7.62 毫米子弹类似的德制 7.63 毫米毛瑟手枪弹。

托卡列夫 TT-33 手枪

口径:7.62 毫米（0.3 英寸）
长度:194 毫米（7.6 英寸）
枪管长度:116 毫米（4.6 英寸）
重量:0.854 千克（1.88 磅）

供弹:8 发可拆卸式弹夹
枪口初速:420 米/秒（1378 英尺/秒）
有效射程:22 米（25 码）

冲锋枪

苏军很晚才列装冲锋枪，这主要是由于库利克元帅的阻挠——直到"冬季战争"之后，他才因芬兰索米 KP/-31 冲锋枪的优秀表现而妥协。

PPD-40 冲锋枪

瓦西里·捷格加廖夫设计的一系列冲锋枪编号均以 PPD（Pistolet-Puremyarot Degtyryaryova 的缩写，即"捷格加廖夫冲锋枪"）开头，其中最早的型号名为"PPD-34"（于 1935 年在苏军中列装）。在被改进型 PPD-34/38 冲锋枪和后续衍生型 PPD-40 冲锋枪取代之前，该型号只进行了小规模生产，且主要配发给内务人民委员部。PPD 系列冲锋枪的总产量约为 90000 支（以 PPD-40 为主），随后该系列冲锋枪被 PPSh-41 冲锋枪淘汰。

PPD-40 冲锋枪
PPD-40 冲锋枪是一种在二战初期颇为常见的冲锋枪。该枪制作精良，但在战场上难以维护，不适合大批量生产。

PPD-40 冲锋枪

口径:7.62 毫米（0.3 英寸）　　　供弹:71 发可拆卸式弹鼓
长度:788 毫米（31.02 英寸）　　　枪口初速:489 米 / 秒（1604 英尺 / 秒）
枪管长度:273 毫米（10.75 英寸）　　射速:1000 发 / 分
重量:3.2 千克（7.05 磅）　　　　　有效射程:160 米（175 码）

PPSh-41 冲锋枪

　　PPD-40 冲锋枪虽然性能良好，但并不适合在战时批量生产。PPSh-41 冲锋枪由格奥尔吉·什帕金（Georgi Shpagin）精心设计，他从一开始就考虑到了各种实际问题，例如尽量利用金属冲压件来减轻生产压力，以及使用镀铬枪管来降低一线人员的基本维护负担。

　　PPSh-41 冲锋枪的早期生产型采用了与 PPD-40 冲锋枪配套的 71 发圆形弹鼓，但后续产品都改用了更简单可靠的 35 发弹夹。

　　大部分 PPSh-41 冲锋枪可以选择单发和连发两种模式，此时操作者只需扳动扳机前方的选择按钮即可。即使在最恶劣的战斗环境下，PPSh-41 冲锋枪仍然表现优异。在 1945 年停产前，共有约 6000000 支 PPSh-41 冲锋枪从苏联境内的各工厂下线。

PPSh-41 冲锋枪

PPSh-41 冲锋枪因简单可靠，且经久耐用而备受推崇——它甚至在零度以下的环境中也表现优秀。

PPSh-41 冲锋枪

口径:7.62 毫米（0.3 英寸）

长度:843 毫米（33.2 英寸）

枪管长度:269 毫米（10.6 英寸）

重量:3.63 千克（8 磅）

供弹:71 发可拆式弹鼓，或 35 发可拆卸式弹夹

枪口初速:488 米 / 秒（1601 英尺 / 秒）

射速:900 发 / 分

有效射程:200 米（219 码）

PPS-42 和 PPS-43 冲锋枪

1942年，苏联官方要求研制一种新式冲锋枪——该枪必须使用与 PPSh-41 冲锋枪相同的弹药，但射速较低，且更便宜和易于生产。苏联官方的这一要求催生了 PPS-42 冲锋枪，其设计极为简单——大多数部件由钢板冲压而成，减少了生产时间，并降低了生产所需的熟练劳动力。它配备了简易式折叠枪托和35发弹夹，只能进行连射。苏联只生产了46000余支 PPS-42 冲锋枪，随后该枪便被 PPS-43 冲锋枪所取代——这两种冲锋枪的设计非常接近，只有折叠枪托和保险结构的设计不同。

PPS-43 冲锋枪是苏军心目中的标准冲锋枪。但由于苏联已为 PPSh-41 冲锋枪投入了大量生产资源，而且后者的产量已突破每年1000000支，故全面转产 PPS-43 冲锋枪并不现实。因此，苏联官方放弃了全面换装 PPS-43 冲锋枪的计划。但即便如此，在战争结束时，PPS-43 冲锋枪的产量仍超过了2000000支——由于存量巨大，该冲锋枪在1946年被彻底停产。

PPS-43 冲锋枪
在设计该武器时，研发人员将加工部件的数量减少到了极限。PPS-43 冲锋枪深受前线部队欢迎，其弹夹比 PPSh-41 冲锋枪更容易装填，而且极少卡壳。

PPS-43 冲锋枪

口径:7.62 毫米（0.3 英寸）
长度:820 毫米（32.25 英寸）
枪管长度:254 毫米（10 英寸）
重量:3.39 千克（7.5 磅）

供弹:35 发可拆卸式弹夹
枪口初速:488 米 / 秒（1601 英尺 / 秒）
射速:700 发 / 分
有效射程:200 米（219 码）

步枪和卡宾枪

尽管在向乌拉尔山区疏散期间，苏联军工业的生产遭到了严重影响，但在1941年和1942年的危机期间，步枪和卡宾枪的生产并未受到冲击，只是部分产品的外观略显粗糙。

莫辛纳甘1891/30步枪

莫辛纳甘1891/30步枪于1891年列装沙俄陆军，直到20世纪60年代，其狙击型号才被德拉贡诺夫狙击步枪取代。莫辛纳甘1891/30步枪更是德军入侵苏联时，苏军步兵的"标配"。与最初的"1891型"相比，莫辛纳甘1891/30步枪的长度略短，而且瞄准具有所改进。

虽然莫辛纳甘1891/30步枪比较长，且不便携带（尤其是在装上了432毫米长的标准型长刺刀之后），但它们仍然全程参与了整场战争。据估计，在1945年年底停产前，苏联共生产了13000000支该型号的步枪。

苏军狙击手
装备莫辛纳甘1891/30步枪的苏军狙击手，其步枪配有3.5倍PU瞄准镜。在生产时，工人会对步枪进行检查，以便将精度最高、质量最好的产品改装为狙击步枪，并为其配备瞄准镜和改装后的枪栓。

莫辛纳甘 1891/30 步枪

莫辛纳甘 1891/30 步枪是一种可靠耐用的武器，但略为沉重。该步枪最糟糕的设计是其保险装置——枪栓后面的旋钮。这一装置很容易冻结，为紧急解冻，有些士兵甚至会往上面撒尿。

莫辛纳甘 1891/30 步枪

口径:7.62 毫米（0.3 英寸）

长度:1.234 米（48.6 英寸）

枪管长度:730 毫米（28.7 英寸）

重量:3.8 千克（8.4 磅）

供弹:5 发固定式弹仓

枪口初速:1100 米 / 秒（3609 英尺 / 秒）

有效射程:400 米（437 码）

莫辛纳甘 1938 和 1944 卡宾枪

　　20 世纪 30 年代后期，苏军发现，莫辛纳甘 1891/30 步枪的尺寸太大，令工兵、炮兵和其他"非步兵"单位很不适应。为此，苏联人在莫辛纳甘 1891/30 步枪的基础上开发了莫辛纳甘 1938 卡宾枪，由于良好的便携性，它们在战争中被广泛使用。莫辛纳甘 1944 卡宾枪与莫辛纳甘 1938 卡宾枪极为接近，但前者配备了折叠式刺刀。苏联从 1943 年到 1948 年，共生产了近 4000000 支莫辛纳甘 1944 卡宾枪。

莫辛纳甘 1944 卡宾枪

莫辛纳甘 1944 卡宾枪在战争结束前才开始服役，但深受部队欢迎——因为它们很容易携带。

莫辛纳甘 1944 卡宾枪

口径:7.62 毫米（0.3 英寸）

长度:1.03 米（40.4 英寸）

枪管长度:520 毫米（20.5 英寸）

重量:4.03 千克（8.9 磅）

供弹:5 发固定式弹仓

枪口初速:800 米 / 秒（2625 英尺 / 秒）

有效射程:300 米（328 码）

SVT-40 自动装填步枪

俄国人对自动装填步枪的兴趣可以追溯到 1915 年研发的费德洛夫自动步枪上。20 世纪 30 年代，相关研究仍在继续，费多尔·托卡列夫（Fedor Tokarev）设计的 SVT-38 步枪（这种武器因为在 1939 年和 1940 年的"冬季战争"中暴露出的大量缺陷而惨遭淘汰）就是研究成果之一。SVT-38 步枪的改进版——SVT-40 自动装填步枪在 1940 年 7 月投产，苏军试图用该枪大量取代一线步兵单位使用的莫辛纳甘 1891/30 步枪。在德军入侵苏联期间，苏军发现 SVT-40 自动装填步枪的结构过于复杂，不利于快速生产，而且很多仓促入伍的动员兵根本不会使用它。停产命令很快被下达，以便为莫辛纳甘步枪和 PPSh 冲锋枪让路。

SVT-40 自动装填步枪

SVT 系列步枪有一个特殊改型——AVT-40 步枪。AVT-40 步枪可以在多种射击模式之间切换。最初，苏联人计划将其当成轻机枪使用。该枪在 1942 年中期服役，但在全自动射击状态下几乎无法被控制，而且经常卡壳和损坏。由于问题的严重性，苏军随即禁止士兵使用 AVT-40 步枪的全自动射击模式，接着又在 1943 年夏天停止生产该枪。

SVT-40 自动装填步枪

口径:7.62 毫米（0.3 英寸）　　　　**供弹:**10 发可拆卸式弹夹
长度:1.26 米（49.6 英寸）　　　　**枪口初速:**840 米 / 秒（2756 英尺 / 秒）
枪管长度:625 毫米（24.6 英寸）　　**有效射程:**500 米（547 码）
重量:3.85 千克（8.5 磅）

机枪

战争期间，苏军使用的机枪虽然以可靠性强而著称，但普遍较为笨重，甚至 1943 年推出的郭留诺夫 SG-43 中型机枪也是如此——该机枪配备了轮式枪架和装甲护盾。

DP 轻机枪

DP 轻机枪同样出自瓦西里·捷格加廖夫之手，并在 1928 年成为苏军的标准轻机枪。虽然该武器性能优秀，但两脚支架的设计存在严重问题，47 发的弹盘也不够牢靠，给换弹带来了诸多不便。DP 轻机枪还衍生出了一些改进型号，如 DPM 机枪和 RP-46 机枪——它们一直在苏军中服役到 20 世纪 60 年代。连同改进型在内，DP系列轻机枪的总产量可能达到了 795000 挺。

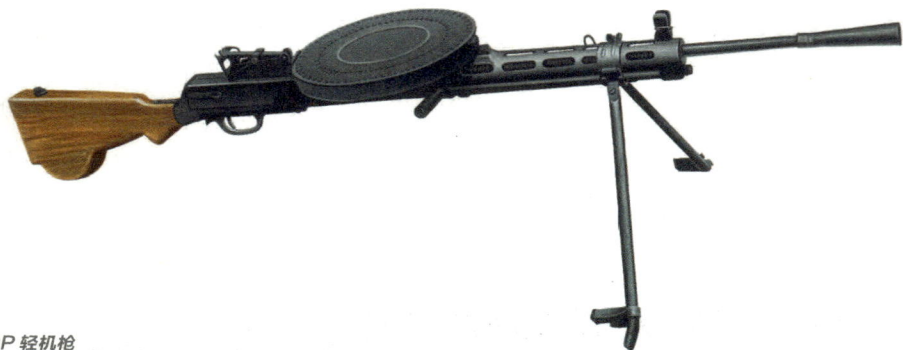

DP 轻机枪
由于活动部件只有 6 个，DP 轻机枪可以在大量进灰和积碳的状态下继续使用——苏军甚至开玩笑说，DP 轻机枪要想打得准，就得先在沙子里埋一会儿。

DP 轻机枪

口径：7.62 毫米（0.3 英寸）
长度：1.27 米（50 英寸）
枪管长度：604 毫米（23.8 英寸）
重量：9.2 千克（20.11 磅）

供弹：47 发可拆卸式弹盘
枪口初速：840 米 / 秒（2755 英尺 / 秒）
射速：500—600 发 / 分
有效射程：800 米（875 码）

马克沁 1910/30 中型机枪 [①]

　　二战期间，苏军装备的马克沁 1910/30 中型机枪几乎和沙俄陆军中的"前辈们"毫无区别。该枪于 1910 年首次服役，并在 1930 年换装了新式子弹——比之前的子弹更重，且设计更具流线型，把这款机枪的最大理论射程提升到了 5000 米左右。除此之外，新产品还扩大了水冷套注水口的尺寸（确保士兵能在冬天直接加进冰块和雪块），并配备了一个带铰链的注水口盖，减少了注水时的麻烦。

[①] 译者注：原文如此，马克沁 1910/30 机枪一般被视为重机枪。

在战争中期，马克沁 1910/30 中型机枪的性能越发显得落伍。乌克兰第 1 方面军发回的报告显示："……马克沁 7.62 毫米机枪在可靠性和稳定性方面非常令人满意。它们耐用，可以持续开火，深受士兵信赖，但重量是个大问题——它恶化了机动性，使机枪手跟不上部队，导致后者无法在进攻中得到火力支援。实战经验表明，重量超过 40 千克的重机枪都不具备战斗所需的机动性，甚至会变成累赘。"

在 1945 年之后，苏军中的马克沁 1910/30 中型机枪逐渐被郭留诺夫 SG-43 机枪取代。

马克沁 1910/30 中型机枪
战斗中的马克沁 1910/30 中型机枪——照片摄于苏联对芬兰发起的"冬季战争"期间。和其他在 1940 年与 1941 年服役的同型号机枪不同，本机枪没有配备加大的注水口和注水口盖。

马克沁 1910/30 中型机枪

口径:7.62 毫米（0.3 英寸）

供弹:250 发弹带

长度:1.07 米（42 英寸）

枪口初速:862.6 米 / 秒（2830 英尺 / 秒）

枪管长度:720 毫米（28.3 英寸）

射速:520—580 发 / 分

重量:63 千克（138.9 磅）

有效射程:1000 米（1094 码）

郭留诺夫 SG-43 中型机枪

1939 年和 1940 年，鉴于马克沁 1910/30 中型机枪已经过时，苏军开始寻找一种更轻、更现代化的新机枪。当时，设计师彼得·马克西莫维奇·郭留诺夫（Peter Maximovitch Goryunov）正在开发一种坦克机枪，并推出了相应的改进型。

郭留诺夫 SG-43 中型机枪保留了原先的弹带供弹和气冷式设计，并使用了与马克沁 1910/30 中型机枪类似的两轮枪架，其中一些早期产品甚至安装有小型护盾，导致整个机枪的重量大幅增加。该型号机枪的可靠性良好（部分原因在于采用了内腔镀铬的重型枪管）。1943 年，该型号的机枪以 "SG-43" 的编号在部队中列装。

虽然苏联方面计划用郭留诺夫 SG-43 中型机枪来替代过时的马克沁 1910/30 中型机枪，但由于前者的产量不足，这两种型号的机枪仍然并行服役到战争结束。

DShK 重机枪

DShK（"Degtyryava-Shpagina Krupnokaliberny" 的缩写，即 "捷格加廖夫 - 什帕金大口径机枪"）机枪是一种重型步兵支援武器，它结合了瓦西里·捷格加廖夫和

DShK 重机枪
DShK 机枪重达 157 千克（346 磅），无法由人力进行长途搬运，但它可以在 500 米（1640 英尺）外击穿 15 毫米（0.59 英寸）厚的装甲，是对抗轻型装甲车辆的利器。

DShK 重机枪

口径：12.7 毫米（0.5 英寸）
长度：1.625 米（64 英寸）
枪管长度：1.07 米（42.1 英寸）
重量：157 千克（346.131 磅）

供弹：50 发弹链
枪口速度：850 米 / 秒（2788 英尺 / 秒）
射速：600 发 / 分
有效射程：2000 米（2187 码）

格奥尔吉·什帕金两位设计师的研究成果，于 1938 年正式列装苏军。另外，该机枪不仅曾被安装在许多装甲车辆上，还曾作为高射机枪被广为使用。

反坦克步枪

PTRD 和 PTRS 反坦克步枪能发射 14.5 毫米（0.57 英寸）子弹，虽然已很难对抗后期的德军装甲车辆，但该子弹威力巨大，并被战后的 KPV 重型机枪采用。

PTRD-41 反坦克步枪

在各大国的武装部队中，苏军对研发反坦克步枪特别执着。1939 年，苏军曾试验了一种由鲁卡维什尼科夫（Rukavishnikov）设计的反坦克步枪，但因为这种武器的结构过于复杂，可靠性差，其开发随后无果而终。后来，瓦西里·捷格加廖夫又设计了一种结构简单的单发式反坦克步枪，代号为 PTRD-41，但由于苏军炮兵装备总监库利克元帅的反对，它直到 1941 年 7 月德军入侵之后才紧急服役。虽然 PTRD-41 反坦克步枪的近距离威力较大，能有效打击德军在 1941 年和 1942 年时装

PTRD-41 反坦克步枪

在开火时，PTRD-41 反坦克步枪会产生巨大的枪口焰，并经常导致开火阵地暴露。另外，该枪还会在退弹时卡壳——为解决这个问题，操作人员经常需要在装填前给子弹涂油，但涂油的弹药本身又容易吸附灰尘，并让卡壳问题变得更加严重。

PTRD-41 反坦克步枪

口径：14.5 毫米（0.57 英寸）
长度：2.02 米（79.5 英寸）
枪管长度：1.35 米（53 英寸）
重量：17.3 千克（38.14 磅）

供弹：栓动式，单发供弹
枪口初速：1012 米 / 秒（3320 英尺 / 秒）
有效射程：400 米（1312 英尺）
穿甲能力：25 毫米（0.98 英寸），500 米（547 码）

列兵，反坦克营
这名射手穿着标准夏季制服，并装备有 1 挺 PTRD-41 反坦克步枪——从图中可以看到，该武器体积巨大，外观醒目，并且会在转移阵地时带来不少麻烦。

备的轻型装甲车辆，但随着防护水平更高的坦克服役，该枪的作用开始迅速下降。

在这种情况下，苏军试图另辟蹊径，例如对操作者进行专门训练——在远距离狙击坦克的观察口，而不是像之前一样以击穿装甲为主要目标。但此举并不符合实际情况：尽管 PTRD-41 反坦克步枪的射程能达到 1000 米，但其配套的机械瞄具根本无法在 300 米外瞄准小目标。另外，虽然配套的枪口制退器不失为一种有用的配件，但却会在开火时扬起尘土或积雪，暴露射手的位置。尽管这款武器存在各种问题，但苏联方面仍制造了大约 5000 支 PTRD-41 反坦克步枪（该枪于 1945 年停产）。[1]

① 译者注：此处有误，PTRD-41 反坦克步枪的总产量实际为 293153 支，停产时间也不是 1945 年，而是 1944 年年底。

PTRS-41 反坦克步枪

在列装 PTRD-41 反坦克步枪几个月之后，苏军又列装了 PTRS-41 反坦克步枪。为"战胜" PTRD-41 反坦克步枪，PTRS-41 反坦克步枪的设计师谢尔盖·西蒙诺夫（Sergei Simonov）选择了半自动设计，因为他相信，在对抗坦克时，高射速同样意义重大。但在实战中，这种设计只是增加了武器的重量，对杀伤力几乎没有任何提升。尽管如此，PTRS-41 反坦克步枪仍和 PTRD-41 反坦克步枪共同服役到战争末期，并主要被用于打击轻型装甲车辆，如装甲车和装甲运兵车。

PTRS-41 反坦克步枪
PTRS-41 反坦克步枪比 PTRD-41 反坦克步枪更重，而且可靠性较差，因为 14.5 毫米（0.57 英寸）子弹发射后的积碳经常卡住该枪的导气式枪机。

PTRS-41 反坦克步枪

口径：14.5 毫米（0.57 英寸）
长度：2.108 米（83 英寸）
枪管长度：1.219 米（48 英寸）
重量：20.9 千克（46 磅）

供弹：5 发弹夹
枪口初速：1012 米 / 秒（3320 英尺 / 秒）
有效射程：400 米（1312 英尺）
穿甲能力：25 毫米（0.98 英寸），500 米（547 码）

火焰喷射器

苏军开创性地使用了增稠油料，令喷火器射程得到大幅提升。

ROKS-2 和 ROKS-3 火焰喷射器

ROKS-2 和 ROKS-3 火焰喷射器是战时苏军的主力火焰喷射器。其中，ROKS-2 火焰喷射器经过了精心设计——其配套的油料罐被刻意设计成了步兵背包的样式，喷火枪的外形则类似普通步枪。但这种伪装的实际价值远不如预期。战争

ROKS-3 火焰喷射器

ROKS-3 火焰喷射器是 ROKS-2 火焰喷射器的战时简易版本，其设计满足了大规模生产的需要，由于喷火燃料的密度更大，其性能较以往型号有所提高。

ROKS-2 和 ROKS-3 火焰喷射器

重量：22.7 千克（50 磅）　　　　射程：35—45 米（38—49 码）
燃料容量：9 升（2 加仑）　　　　喷火持续时间：6—8 秒

期间，苏军转而生产 ROKS-3 火焰喷射器——其油料罐恢复了传统样式，喷火枪的外形也被简化了不少。

手榴弹

在战争期间，苏联步兵非常喜爱使用手榴弹，甚至将它们称为"口袋大炮"。

莫洛托夫鸡尾酒

将民用玻璃瓶改装为手持燃烧弹的想法似乎源自西班牙内战期间。在 1939 年至 1940 年的"冬季战争"中，芬兰军队也用它们有力打击过苏军坦克。当时，斯大林的外交部部长是莫洛托夫，因此芬兰人便将这种武器谑称为"莫洛托夫鸡尾酒"。

"莫洛托夫鸡尾酒"
"莫洛托夫鸡尾酒"是二战中被使用最广泛的武器之一，图中从左到右依次为：苏军用伏特加酒瓶临时制作的产品，苏军装备的"正规"产品，以及英国、日本和芬兰军队所使用的产品。

使用"莫洛托夫鸡尾酒"训练的人民民兵（*Narodnoe Opolcheniye*），摄于 *1941* 年至 *1942* 年冬季。

这一名字很快在西方流传开来，但它在斯大林统治下的苏联却是一个违禁词。也正是因此，当德军入侵之后，苏联官方一般将这种应急武器称为"燃烧瓶"（butylkas goryuche smes' yu）。最初的"燃烧瓶"都是部队自行制作的，即在伏特加酒瓶中灌满汽油，在瓶口塞上油布，并在掷出前点燃。但后来出现了由工厂专门生产的"燃烧瓶套件"。该套件由几根橡皮筋和两个装满硫酸的玻璃管组成，可以插在装满汽油的瓶子内——当瓶子在目标上摔破时，汽油就会被硫酸点燃。虽然这种"燃烧瓶"会给使用者带来很大风险，但仍在战争期间被广为使用。

F1 破片手榴弹

F1 破片手榴弹经常被称作"柠檬"（Limonka），该手榴弹采用了从法国 F1 手榴弹衍生而来的战前设计，并一直被生产和使用到 1945 年之后。

RDG-33 破片手榴弹

RDG-33 破片手榴弹的设计源自 20 世纪 30 年代。该手榴弹由于生产流程过于复杂，无法满足战时需要，后来逐渐被更简单的 RG-42 手榴弹取代。

手榴弹
一处手榴弹储量充足的防御阵地。这名士兵的左手边有三枚 RDG-33 破片手榴弹和两枚 RPG-40 手榴弹。

RG-42 手榴弹

RG-42 手榴弹是一种非常简单的圆柱形破片手榴弹，它比战前型号的手榴弹更适合批量生产。

RPG-40 手榴弹

RPG-40 手榴弹（"RPG"是"Ruchnaya Protivotankovaya Granaata"的缩写，即"反坦克手榴弹"）是苏军第一种专门设计的反坦克手榴弹，于 1940 年列装部队，但其设计非常原始，和一战末期的原始反坦克手榴弹几乎没有区别。它主要依靠填充的大量炸药进行杀伤，可以穿透 20 毫米（0.79 英寸）厚的装甲。

RPG-43 手榴弹

RPG-43 手榴弹是苏军第一种专门设计的破甲反坦克手榴弹，于 1943 年列装部队，其设计比 RPG-40 手榴弹更复杂，穿甲能力良好。

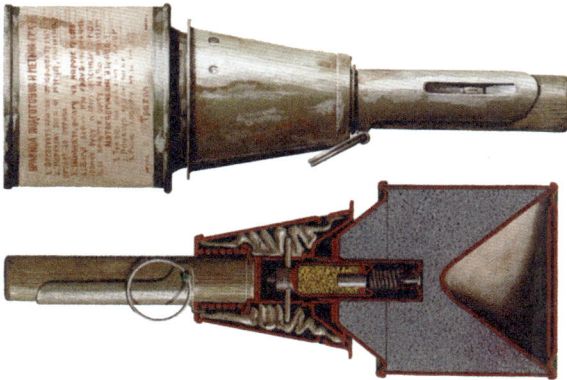

RPG-43 手榴弹
RPG-43 手榴弹很像一枚超大的长柄手榴弹，其配有直径为 95 毫米的破甲弹头。在投掷后，一个圆柱形的、由布制尾翼固定的金属保险罩将从手榴弹后部弹出，以起到稳定飞行和提高投掷精度的作用。

RPG-43 手榴弹

长度:不详
直径:95 毫米（3.74 英寸）
重量:1.247 千克（2.75 磅）
装药量:612 克（1.35 磅）TNT 炸药

引信:触发式
投掷距离:18.28 米（20 码）
穿甲能力:75 毫米（2.95 英寸）

地雷

在战争中，苏军使用了海量的地雷——仅在库尔斯克战役中，苏军使用的反坦克地雷和反步兵地雷就分别多达503663枚和439348枚。

PMD 系列反步兵地雷

PMD 系列反步兵地雷采用了木制外壳，只有少量金属部件，很难被地雷探测器发现。其中于1939年服役的PMD-6型非常粗糙，安全性差，对战争双

扫雷
一名党卫军工兵小心翼翼地拿起一枚苏制PMD反步兵地雷。

方而言儿乎同样危险。

虽然上述问题都得到了解决，但直到 1943 年，苏军战斗工兵还是宁愿使用缴获的德国产品。PMD 系列反步兵地雷属于爆破杀伤地雷，外壳为木制，内部装填有炸药，并配有一个带铰链的盖子。盖子上有一个插槽，后者被压在固定销上。如果盖子受到足够的压力，固定销就会松开，导致撞针撞击雷管。由于木制外壳很容易腐烂，因此所有 PMD 系列反步兵地雷都很容易失效。值得一提的是，PMD 系列反步兵地雷中有一些型号用 50 毫米（1.96 英寸）迫击炮弹替换了常用的炸药块。

苏制反步兵地雷的比较					
型号	PMD-6	PMD-6M	PMD-7	PMD-7ts	PMD-57
总重量	400 克（0.88 磅）	400 克（0.88 磅）	400 克（0.88 磅）	400 克（0.88 磅）	不详
装药量	200 克（0.44 磅）	200 克（0.44 磅）	75 克（0.165 磅）或 200 克（0.44 磅）	50 克（0.11 磅）或 75 克（0.165 磅）	400 克（0.88 磅）
长度	198 毫米（7.8 英寸）	190 毫米（7.48 英寸）	152 毫米（6 英寸）	152 毫米（6 英寸）	200 毫米（7.87 英寸）
宽度	85 毫米（3.46 英寸）	89 毫米（3.5 英寸）	76 毫米（3 英寸）	76 毫米（3 英寸）	100 毫米（3.94 英寸）
高度	65 毫米（2.56 英寸）	65 毫米（2.56 英寸）	51 毫米（2 英寸）	51 毫米（2 英寸）	80 毫米（3.15 英寸）
引爆压力	1 千克（2.2 磅）至 10 千克（22 磅）	6 千克（13.22 磅）	1 千克（2.2 磅）至 9 千克（19.84 磅）	1 千克（2.2 磅）至 9 千克（19.84 磅）	19 千克（41.89 磅）

反坦克犬

早在 1935 年，苏军便组建了反坦克犬单位。每只军犬将携带两个装有 10—12 千克（22—26 磅）炸药的帆布袋，然后跑到敌方坦克的底盘下。此时，炸药上的拨杆将被触动，从而自动引爆。

这些军犬都接受过专门训练，平时，饲养员会把它们的食物放在坦克底盘下，以便其适应发动机和炮火的喧嚣，以及附带的刺鼻气味。虽然在和平时期的演习中，上述做法似乎从未出过纰漏，但当首批反坦克犬于 1941 年参战时，一切似乎立刻走上了错误的轨道。

反坦克犬
开赴前线的反坦克犬分队。

首先，这些军犬是用苏军的坦克进行适应性训练的，因此它们在出发后直接奔向了苏军的装甲车辆。其次，出于可以理解的原因，许多军犬因为战场的混乱和嘈杂而变得惊慌失措，并跑回己方阵地寻找饲养员，但它们一跃入战壕，炸药也会随之爆炸。按照苏军的宣传，反坦克犬一共摧毁了300辆德军装甲车辆，但实际数量似乎不超过30辆。1942年之后，这种作战方式便被逐渐抛弃了。

反坦克地雷

TMD-B 反坦克地雷

TMD-B 反坦克地雷同样采用了极易在潮湿的土壤中腐烂的木制外壳，其设计引爆压力为200—300千克（440—661磅），但在外壳腐烂后，大约3千克（6.6磅）的压力就可以将其引爆。

TMD-40 和 TM-35 反坦克地雷

TMD-40 反坦克地雷是一种较轻的木壳地雷，优点和缺点与 TMD-B 反坦克地雷相似。TM-35 反坦克地雷采用了金属外壳，比木壳反坦克地雷更为可靠。

TMD-B 反坦克地雷

重量:9—10千克（19.8—22磅）
装药量:5—7千克（11—15.4磅）TNT 或苦味酸炸药
长度:320毫米（12.6英寸）

宽度:290毫米（11.42英寸）
高度:160毫米（6.3英寸）
引爆压力:200—300千克（440—661磅）

TMD-40 反坦克地雷

重量:5千克（11磅）
装药量:3.6千克（8磅）TNT 炸药
长度:600毫米（23.6英寸）

宽度:不详
高度:100毫米（3.94英寸）
引爆压力:250千克（551磅）

TM-35 反坦克地雷

重量:4.75千克（10.47磅）
装药量:2.8千克（6.17磅）TNT 炸药
长度:220毫米（8.66英寸）

宽度:216毫米（8.5英寸）
高度:59毫米（2.32英寸）
引爆压力:估计值为250千克（551磅）

装弹
在某个前线机场，一批 FAB－100 和 FAB－250 型炸弹已被从箱子中取出，准备安装到待命的佩－2 轻型轰炸机上。

第四章

苏军战机

苏联的军事理论一直强调多兵种联合作战，并要求空中和地面部队相互配合。因此，早在战前，苏联领导人就非常关注空军。

在斯大林时代，数据造假掩盖了苏联空军的真实情况——这一点甚至更甚于苏联陆军。在德军入侵时，苏联空军至少有10000架一线战机，但其中堪用的只有大约一半。

"斯图莫维克"攻击机
1941—1942 年冬季，一架涂有雪地迷彩的"斯图莫维克"攻击机，该机是早期生产的单座型。

在"巴巴罗萨"行动的第一天，德国空军在地面摧毁了约 800 架苏军飞机。同时，德国战斗机还击落了 400 架苏军飞机。苏联空军的装备质量参差不齐，其中既有最现代化的机型，也有古董产品：佩 -2 轰炸机就是前者的代表——它的设计极为现代化；后者的代表则是上千架伊 -15bis 双翼战斗机，该机型已经严重过时，其历史可以追溯到 20 世纪 30 年代中期。

组织结构

战时，苏军的空中力量包括以下组成部分：

苏联空军（Voenno-Vozdushnye Sily Krasnoi Armii，VVS）

有时，"苏联空军"也指代苏军的所有空中力量，但更准确地说，它指的是在 1942 年被编入各个航空集团军的战术空军单位。

在战争期间，苏联空军始终是苏联空中力量的核心组成部分，并不断发展壮大——尤其是在 1944 年 12 月，远程航空兵（战略轰炸机部队）被改编为空军第 18 集团军之后。

远程航空兵（Aviatsiia Dalnego Deistviya，ADD）

苏军的远程航空兵部队成立于 1942 年 3 月，其装备以远程轰炸机为主（但大部分已过时）。虽然它名义上是一支战略轰炸机部队，但很少独立承担战略轰炸任务，相反，其下属单位一般会被加强给各个航空集团军。按照估算，在远程航空兵执行的任务中，有 43% 旨在支援地面部队，其中袭击轴心国补给线的任务和空运任务各占一半——此外还有一些空袭柏林和普洛耶什蒂（Ploesti）油田的宣传性任务。

如上所述，1944 年 12 月，远程航空兵被改编为空军第 18 集团军，从而被空军完全吸收。这可能也是一种对事实的追认——因为在对东欧目标的轰炸中，英国皇家空军和美国陆军航空队正在发挥越来越大的作用，而苏联远程航空兵则几乎毫无建树。

国土防空军（Protivovozdushinaia Oborona Strany，PVO strany）

国土防空军是一个管辖截击战斗机、高射炮部队和本土民防组织的指挥机构，主要任务是保护大城市和工业区，但下属的战斗机和高射炮单位经常被用于加强空军部队。

海军航空兵（Vozduzhnye Vooruzhennye Sily Voenno-Morskovo Flota，VVS VMF）

海军航空兵的主要任务有二：开展海上侦察和反潜巡逻；为海上行动提供空中掩护。1941 年 6 月，在黑海和波罗的海地区，海军航空兵一共拥有 1445 架战机，其中大多数（大约 55%）是截击机，另外 25% 是侦察机，14% 是轰炸机，6% 是鱼雷机。这些战机中的绝大多数已完全过时或濒临淘汰。毫不奇怪，在战争初期，苏联海军航空兵蒙受了惨重损失。但到 1943 年年底，苏联海军航空兵逐渐恢复了元气，飞机数量也上升到 1000 多架，其中包括 123 架鱼雷轰炸机和近 200 架对地攻击机——后者也是攻击鱼雷艇和小型护航舰艇的有力武器。

民用航空队（Grazhdanskii Vozdushnyi Flot，GVF）

在德军入侵后，苏联民用航空队立刻动员起来，成为军事空运力量，其任务包括"为地面部队和空军部队运送弹药、武器、燃油和油料，维持地面部队和航空集团军指挥部之间的通信，为空降部队提供空投或机降服务，疏散伤员……协助游击队……侦察，并执行少量轰炸任务"。

战争期间，民用航空队的飞机一共出动了 1595943 架次，运送了超过 1500000 人——其中 100000 人是被空投或空运到敌后的人员。另外，民用航空队还运送了 122000 吨货物，其中包括 25000 吨弹药和 77000 吨的武器和口粮。

苏联军事理论一直强调多兵种联合作战，并要求空中和地面部队相互配合。1939 年的《野战勤务条例》强调，航空兵的任务是打击纵深目标，夺取空中优势，以及"……在战役和战术层面，与地面部队密切协同"。但在"冬季战争"期间，苏联空中力量却暴露出了一系列严重问题，包括导航水平低下，严重缺乏在夜间或恶劣天气下作战的经验，以及空中射击技术不佳等。苏联空军始终具有压倒性的数量优势，仅列宁格勒军区最初便投入了至少 800 架战斗机和轰炸机，而芬兰空军的飞机只有 120 架左右。在战争期间，苏军还不断向前线增调部队，但其飞机的总损失仍高达 579 架，而芬兰空军的损失只有 62 架。

在德军入侵时，苏联空军的情况也没有改善多少——大多数苏军飞行员都是新手，可能只完成过起降训练。另外，1940 年和 1941 年服役的许多新式飞机故障丛生，带来了毁灭性的影响。其中一个例子是米格 -3 战斗机的早期型，很多飞机的射击协调器存在缺陷，可能会打掉自己的螺旋桨；另一个例子是木制的拉格 -3 战斗机，它们在服役之后问题层出不穷，被心怀不满的飞行员们称为"百分百的油漆棺材"（Lakirovanny Garantirovanny Grab）。

防空体系

在战争开始时，苏军的防空体系同样原始。在"巴巴罗萨"行动的最初几周，苏联空军损失了大量飞机，在随后一段时间里，他们只能依靠过时和濒临淘汰的机型（如伊 -16）为节节败退的陆军提供掩护。斯大林的"大清洗"还严重影响了雷达的开发，导致苏军完全没有像英国和德国产品一样的先进产品。虽然从 1942 年开始，苏联收到了许多英国和美国援助的雷达，有力地弥补了该产品的不足，但这些雷达的数量远远不够，只能覆盖前线后方的部分高价值目标。在这种情况下，苏联人只能采用一战期间的低效方法——派遣战斗机进行例行巡逻。在 1941 年和 1942 年，德国空军在东线的优势几乎无可撼动，当局甚至把这里看成了战斗机飞行员的训练场。有些德国王牌 [例如拥有 352 个战果的埃里希·哈特曼（Erich Hartmann）][1] 的战绩更是高得令人咋舌。

1942 年 4 月，苏联最高总统帅部派遣诺维科夫（Novikov）将军担任苏联空军总司令和主管航空的副国防人民委员。他立刻将各个方面军和集团军辖下的航空单位合并，组建航空集团军，为红色空军注入了新鲜血液。这些大部队充分提高了前线航空兵的运用效率，确保了苏军能集中航空力量支援地面行动。每个航空集团军都与方面军保持着一对一支援关系，其副司令和参谋人员将常驻方面军司令部，确保双方密切合作。另外，航空集团军司令还将协助方面军司令员制订作战计划，确保后者的优先事项得到贯彻。

1942 年 5 月，苏军的首支航空集团军组建完毕，其他航空集团军则分别在 6

---

① 译者注：此处说法不确切，哈特曼于 1942 年 10 月才开始在东线执行作战任务，其大部分战果都是在 1943 年之后取得的。

月、7月、8月和11月陆续完成编组（共计13个航空集团军）。每个航空集团军都由两个歼击航空兵师（辖四个团）和两个混合航空兵师（辖两个歼击航空团和两个强击航空团）组成，另外配有一定数量的其他单位——一般包括一个轰炸航空兵团、一个侦察航空兵团、一个夜间轰炸航空兵团和一个训练团。同时，苏军还完成了装备的标准化，不仅确保了各团的飞机型号一致，还减轻了飞机的后勤维护压力。随着战争进行，各航空团的兵力从两个中队增加到三个，飞机的数量也增加到32架。另外，在各航空团接受集中管理之后，各种复杂的作战规划、后勤、训练、维修和指挥问题也逐渐消失。

在东线，德国空军虽然始终在质量和技术上保持着优势，且战绩不断上升，但却因为战损而日渐虚弱。相比之下，苏军可以大量生产多种可靠的机型，还能得到西方盟国的援助，从而弥补了高昂损失。1945年，其一线战机数量估计已达到16000架，此外还可以得到大量备用机的补充。相比之下，德国空军只有大约2000架战机，而且大部分战机都因为缺乏燃料而无法升空。

红军空军的实力和损失					
	1941 年	1942 年	1943 年	1944 年	1945 年
军用飞机总数	29900 架	33000 架	55000 架	68100 架	58300 架
战斗损失	10300 架	7800 架	11200 架	9700 架	4100 架
非战斗损失	7600 架	4300 架	11300 架	15100 架	6900 架

战斗机

伊 -15、伊 -15bis 和伊 -153 战斗机

波利卡波夫设计的伊 -15 的原型机于 1933 年 10 月首飞。从 1934 年开始服役的伊 -15 采用了当时常见的双翼设计，鸥形上机翼是其最显著的特征。但由于鸥形上机翼会阻挡视野，这一设计并不受飞行员的欢迎，在生产了 674 架之后，伊 -15 便被伊 -15bis 取代。与伊 -15 相比，伊 -15bis 采用了传统的上翼设计，翼展有所加长。伊 -15bis 的生产一直持续到 1940 年，总产量超过了 2400 架。

20 世纪 30 年代，苏联曾将近 350 架伊 -15 提供给中国国民党政府用于对日作战；在西班牙内战期间，苏联还向共和军交付了 116 架伊 -15，另外还有 230 架授权

伊 -15

苏联空军在 20 世纪 30 年代中期使用的一架伊 -15。由于鸥形上机翼阻挡了飞行员的视野，因此该机在挡风玻璃下方开了一扇小窗，以便飞行员观察前方和下方。不过，此举收效甚微。因此，伊 -15bis 又采用了传统的上机翼设计。

伊 -15

机种：单座战斗机
长度：6.10 米（20 英尺）
翼展：9.75 米（32 英尺）
高度：2.23 米（7 英尺 3 英寸）
机翼面积：23.55 平方米（236 平方英尺）
空重：1012 千克（2231 磅）
一般起飞重量：1415 千克（3120 磅）
最大起飞重量：不详
动力系统：1 台 M-22 星型发动机，功率 353 千瓦（473 马力）

最大速度：350 千米 / 时（220 英里 / 时）
航程：500 千米（310 英里）
实用升限：7250 米（23800 英尺）
爬升率：7.6 米 / 秒（1490 英尺 / 分钟）
翼载：65 千克 / 平方米（13 磅 / 平方英尺）
武器装备：4 挺 7.62 毫米（0.3 英寸）PV-1 机枪，外加最多 100 千克（220 磅）重的炸弹或 6 枚 RS-82 火箭弹

仿制型伊 -15 在马德里附近的 CASA 飞机制造厂建造完成。在德军入侵时，苏军仍拥有超过 1000 架伊 -15bis，这些战斗机主要被用于执行对地攻击任务。1942 年年末，幸存的伊 -15bis 被全部转入二线。

伊 -153 安装有可伸缩式起落架，是双翼机中的一个异类。伊 -153 可以算是伊 -15 和伊 -15bis 的"发展型"，于 1939 年正式服役。伊 -153 的生产一直持续到 1941 年，总产量超过 3400 架。

伊－153
1942 年，一架伊－153 在塞瓦斯托波尔上空巡逻。在战争的这个阶段，双翼机已经过时了，根本无法与当时的德国战斗机相抗衡。

伊－153

机种:单座战斗机
长度:6.17 米（20 英尺 3 英寸）
翼展:10 米（32 英尺 9 英寸）
高度:2.8 米（9 英尺 2 英寸）
机翼面积:22.14 平方米（238.3 平方英尺）
空重:1452 千克（3201 磅）
一般起飞重量:1960 千克（4221 磅）
最大起飞重量:2110 千克（6652 磅）
动力系统:1 台什韦佐夫 M-62 星型发动机，功率 597 千瓦（800 马力）

最大速度:450 千米 / 时 [280 英里 / 时，4600 米（15100 英尺）高度]
续航力:470 千米（292 英里）
实用升限:10700 米（35000 英尺）
爬升率:15 米 / 秒（2985 英尺 / 分钟）
武器装备:4 挺 7.62 毫米（0.3 英寸）ShKAS 机枪，外加最多 100 千克（220 磅）重的炸弹或 6 枚 RS-82 火箭弹

伊 -16 战斗机

伊 -16 战斗机在 1934 年或 1935 年被交付苏联空军，它外形小巧，堪称当时世界上最先进的战斗机。在同期的德国空军和英国皇家空军战斗机部队中，双翼机仍然占据着主导地位，例如德军的亨克尔 He-51 和英军的格罗斯特"铁手套"（Gauntlet）战斗机。早期型伊 -16 虽然速度快，机动性优秀，但也存在许多问题，例如向前滑动的驾驶舱盖——它限制了飞行员的视野，并很容易在迫降时卡死。早期型伊 -16 需要飞行员不停摇动手轮来收放起落架，随着飞机升高，操作会变得越发吃力，中途卡死的情况更是常见。为此，苏军给飞行员配发了剪线钳，以便在发生故障时剪断牵拉钢索，让起落架弹出，但即使如此，它仍无法确保起落架可完全放下。

驾驶舱盖问题则相对容易解决——后期的伊 -16 放弃了封闭式座舱，只在驾驶舱前方保留了一块弯曲的挡风玻璃。但起落架的问题则成了伊 -16 的痼疾。

在西班牙内战期间，苏联一共为共和军提供了 276 架伊 -16。它们可以轻松对付"秃鹰军团"（Condor Legion）的亨克尔 He-51 战斗机和国民军的其他机型，直到 1937 年，第一批梅塞施密特 Bf 109 战斗机到来之后，这种局面才有所改变。在 1939 年的哈拉哈河战役（即"诺门坎事件"）中，伊 -16 同样在对抗日军时表现抢眼，但也遭遇了重大损失——至少 110 架，其中很多都被机动性极强的中岛 Ki-27 战斗机击落。

毫不奇怪，苏军同年发布的一份报告认为，伊 -16 的潜力已到极限——1941 年，它们开始被拉格 -3、米格 -3 和雅克 -1 等新式战斗机取代。但在 1941 年 6 月，在苏军中服役的伊 -16 仍然数量庞大——占战斗机总数的约 40%。在德军入侵方向上的西部各军区，其数量也占到了全部 4226 架战斗机的中的 38%。

就像其他苏军飞机一样，在战争的最初几周，有大批伊 -16 被击毁在地面。在之后的战斗中，它们左支右绌，并和苏联空军的现代化机型一样损失惨重。

在由飞行老手驾驶时，伊 -16 的后期型只能勉强抗衡梅塞施密特 Bf 109E，但对 1941 年列装德军的 Bf 109F 已经无能为力。除了被 Bf 109 压制，苏联飞行员的另一个挑战在于德军的现代化轰炸机。伊 -16 的速度比容克斯 Ju 88 慢，而且很难击落防护良好的亨克尔 He 111，更不用说德军轰炸机周围还有护航战斗机。

随着新型战机服役，伊 -16 陆续退出一线。其生产于 1941 年结束，之后便一直处在纯消耗状态。在德军入侵时，前线苏军一共拥有 1600 余架伊 -16，但到 1941

年年底便仅剩 240 架，到 1943 年 7 月 1 日更是只有 42 架了。但在西伯利亚地区，它们仍装备了许多部队，直到战争结束。

起飞

1941 年夏天，一架伊 −16 正在滑行，其右侧机翼下方可以清楚地看到 3 枚 RS−82 型火箭弹的尾翼。

伊 −16 战斗机

伊 −16 战斗机分队，该照片摄于战争的最初几个月。在这个时期，由于缺乏无线电设备，苏军飞行员必须密切关注长机飞行员的手势，并经常因此排成紧密的楔形编队——但这会使他们沦为显眼的目标。

伊－16 24 型

歼击航空兵第 69 团团长列夫·谢斯塔科夫（Lev Shestakov）的伊－16 24 型座机。谢斯塔科夫是参加过西班牙内战的老兵，于 1944 年阵亡，共取得过 26 次空战胜利。

伊－16 24 型

机种:单座战斗机
长度:6.13 米（20 英尺 1 英寸）
翼展:9 米（29 英尺 6 英寸）
高度:3.25 米（10 英尺 8 英寸）
机翼面积:14.5 平方米（156.1 平方英尺）
空重:1490 千克（3285 磅）
一般起飞重量:1941 千克（4279 磅）
最大起飞重量:2095 千克（4619 磅）
动力系统:1 台什韦佐夫 M-63 星型发动机，功率 820 千瓦（1100 马力）

最大速度:525 千米 / 时 [326 英里 / 时，3000 米（9845 英尺）高度]
航程(使用副油箱时):700 千米（435 英里）
实用升限:9700 米（31825 英尺）
爬升率:14.7 米 / 秒（2900 英尺 / 分钟）
翼载:134 千克 / 平方米（27 磅 / 平方英尺）
武器装备:2 挺 7.62 毫米（0.3 英寸）ShKAS 机枪，2 门 20 毫米（0.79 英寸）ShVAK 航炮，外加 6 枚 RS-82 火箭弹或最多 500 千克（1102 磅）重的炸弹

米格－1 和米格－3 战斗机

1939 年，苏军提出了高空截击机需求，米格-1 应运而生。米格-1 的原型机在 1940 年 4 月 5 日首飞。1940 年 12 月，首批生产型米格-1 被运抵一线部队，但经测试后暴露出种种问题，例如：滑行起飞时视野不佳；座舱盖的有机玻璃质量低劣，影响了飞行员的正常观察；操作性差，纵向稳定性不佳；座舱盖难以打开……不仅如此，该机还"容易从简单的失速陷入几乎无法改出的螺旋"。

为了解决上述问题，苏军急忙采取措施，包括换装可以紧急抛弃的滑动式座舱盖（原先为侧开式）。不过，改进型米格-1 与 1941 年年初装备战斗机单位的早期型几乎毫无差异。在德军入侵时，苏军可用的米格-1 约有 60 架，但其中大部分都在几周内被摧毁或俘获。

米格 -1 的问题是如此严重，以至于工程师们被迫将原设计推翻重来——新飞机被称为米格 -3（于 1941 年春交付部队）。但即使如此，相对于"较为温顺的波利卡波夫战斗机"，很多飞行员仍对这种"暴躁"的战斗机很不适应。虽然工程师们已解决了许多问题，但米格 -3 仍存在一些致命缺陷（最主要的是氧气供应问题）。而且，米格 -3 和米格 -1 一样"容易失速和陷入螺旋"。一个例子发生在 1941 年 4 月 10 日，当时歼击航空兵第 31 团的三名飞行员试图在立陶宛考纳斯（Kaunas）上空拦截一架飞行高度为 9000 米（30000 英尺）的德军容克斯 Ju 86P 高空侦察机，但却因为飞机陷入螺旋而被迫跳伞。不过，老练的飞行员们还是逐渐"驯服"了这种飞机——以歼击航空兵第 4 团为例，他们宣称在德军入侵前击落了三架容克斯 Ju 86P 高空侦察机。

1941 年 6 月 1 日，共有 1029 架米格 -3 在苏军中服役，但完成全部训练的飞行员只有 494 名，换而言之，就是有超过一半飞机成了摆设。不仅如此，由于东线的大部分空战都是在低空发生的，米格 -3 在这个高度完全无法与 Bf 109 过

米格 −3
晚期型米格 −3，1941−1942 年冬季。该机的飞行员是 A.V. 施罗波夫（A. V. Shlopov），任务是保卫莫斯科，其翼下吊舱中安装有 2 挺 12.7 毫米（0.5 英寸）UB 机枪。

米格 −3

长度：8.25 米（27 英尺 1 英寸）
翼展：10.2 米（33 英尺 5 英寸）
高度：3.3 米（10 英尺 10 英寸）
机翼面积：17.44 平方米（188 平方英尺）
空重：2699 千克（5965 磅）
一般起飞重量：3355 千克（7415 磅）
最大起飞重量：3318 千克（7317 磅）
动力系统：1 台米库林 AM-35A 液冷 V12 发动机，功率 1007 千瓦（1350 马力）
最大速度：640 千米 / 时（398 英里 / 时）

续航力：820 千米（510 英里）
实用升限：12000 米（39370 英尺）
爬升率：20 米 / 秒（3970 英尺 / 分钟）
翼载：155 千克 / 平方米（39.3 磅 / 平方英尺）
武器装备：1 挺 12.7 毫米（0.5 英寸）别列津 UB 机枪和 2 挺 7.62 毫米（0.3 英寸）ShKAS 机枪，外加 6 枚 RS-82 火箭弹或 2 枚 100 千克（220 磅）重的炸弹；后期型号可在翼下吊舱中额外安装 2 挺 12.7 毫米（0.5 英寸）别列津 UB 机枪

国土防空军近卫歼击航空兵第 12 团
1942 年年初，国土防空军近卫歼击航空兵第 12 团的米格 -3 正在莫斯科附近的克林（Klin）列队接受检阅。在 1941 年 12 月停产前，苏联共生产了 3000 多架米格 -3。

招——甚至水平最高的飞行员也不例外。另外，由于对地攻击机损失惨重，很多米格 -3 只能被迫去执行并不擅长的对地攻击任务。飞行员亚历山大·什瓦列夫（Alexander Shvarev）回忆说："在 4000 米以上高度，米格 -3 是完美的。但正如很多人所说的那样，在低空，它就成了一头'蠢牛'——这也是它的第一个弱点。它的第二个弱点是武器经常发生故障。它的第三个弱点是瞄准具的准头很差——我们经常关掉它，并在零距离开火射击。"

在被生产了超过 3000 架之后，米格 -3 最终于 1941 年 12 月停产。由于完全不适合在一线服役，幸存的米格 -3 都转入了国土防空军，被用于执行中高空任务，在这个领域，它们的问题相对不甚明显，而且更有用武之地。

拉格 -3 战斗机

拉格 -3 源自 1938 年设计的拉格 -1 轻型战斗机，并大量采用了木质材料。1940 年 3 月 30 日，拉格 -1 的原型机完成首飞，并一度被苏军寄予厚望。但首批

100 架飞机的服役评估报告显示，该型号战斗机的动力严重不足，而且质量极差。面对试装部队的一致恶评，苏联当局叫停了量产计划。工程师们被迫彻底修改设计，研发出了于 1941 年 1 月列装部队的拉格 -3。

作为"短命"的拉格 -1 的后继者，拉格 -3 仍然不受欢迎，而且仍然饱受动力和质量问题的困扰。作战单位指出了数十种机械问题，包括液压系统缺陷，以及连杆容易折断、漏油和发动机容易过热等。拉格 -3 的尾部着陆轮和座舱盖也有致命隐患——前者经常在降落时损坏，后者则经常存在装配问题。失望的飞行员很快给拉格 -3 起了一个绰号——"殡仪工之友"（The Mortician's Friend）。早在 1941 年 2 月，铺天盖地的抱怨便让设计师们进行了多达 2228 处修改。

虽然在此期间，有些问题被彻底解决了，但有些问题却成了拉格 -3 的痼疾——其中最棘手的是发动机的问题，这一问题导致该机从始至终都动力不足。毫不奇怪，在 1941 年和 1942 年，拉格 -3 的产量可能达到了 6500 架以上。不过，在面对 Bf 109 时，拉格 -3 却始终毫无还手之力。1942 年年中，拉格 -3 被性能更好的拉 -5 战斗机取代。

拉格 -3

尤里·施奇波夫（Yuri Schchipov）的拉格 -3 座机，机身上有他的个人标志——红心、狮头，外加 8 个击落记号。施奇波夫来自黑海舰队歼击航空兵第 9 团，他参加了塞瓦斯托波尔保卫战，是该团战绩第二高的飞行员。

拉格 -3

机种:单座战斗机
长度:8.81 米（28 英尺 11 英寸）
翼展:9.8 米（32 英尺 2 英寸）
高度:2.54 米（8 英尺 4 英寸）
机翼面积:17.4 平方米（188 平方英尺）
空重:2205 千克（4851 磅）
一般起飞重量:2620 千克（5764 磅）
最大起飞重量:3190 千克（7018 磅）
动力系统:1 台克里莫夫 M-105PF 液冷 V-12 发动机，功率 924 千瓦（1260 马力）

最大速度:575 千米 / 时（357 英里 / 时）
航程:1000 千米（621 英里）
实用升限:9700 米（31825 英尺）
爬升率:14.9 米 / 秒（2926 英尺 / 分钟）
翼载:150 千克 / 平方米（31 磅 / 平方英尺）
武器装备:2 挺 12.7 毫米（0.5 英寸）别列津 UB 机枪，1 门 20 毫米（0.79 英寸）ShVAK 机炮，外加 6 枚 RS-82 或 RS-132 型火箭弹

拉 –5 战斗机

拉 –5 战斗机源自两种不成功的机型——拉格 –1 和拉格 –3。在 1941/1942 年冬天，拉沃契金对拉格 –3 做了重新设计，以使得这款战斗机能安装动力更为强劲的什韦佐夫 ASh-82 星型发动机。此举的作用对拉格 –3 堪称脱胎换骨，试飞员对新飞机赞不绝口。鉴于这种情况，苏军高层立刻命令投产拉 –5。为了加快生产速度，拉 –5 的初始型号大多由未完工的拉格 –3 机身直接改装而来。

虽然拉 –5 的高空性能不如德国的新式战机，但低空性能却极为优异。另外，它还安装有两门 20 毫米（0.79 英寸）航炮，这是一项备受好评的改进，使其火力较早期的苏军战斗机有了很大提高。

拉 –5，歼击航空兵第 240 团，1944 年 4 月

这架拉 –5 是伊万·阔日杜布（Ivan Kozhedub）的座驾。到 1944 年 4 月底，伊万·阔日杜布已经取得了 37 场胜利。后来，他成了二战中战绩最高的盟军飞行员。

拉 –5

机种：单座战斗机
长度：8.67 米（28 英尺 5 英寸）
翼展：9.8 米（32 英尺 2 英寸）
高度：2.54 米（8 英尺 4 英寸）
机翼面积：17.5 平方米（188 平方英尺）
空重：2605 千克（5743 磅）
一般起飞重量：3265 千克（7198 磅）
最大起飞重量：3402 千克（7500 磅）
动力系统：1 台什韦佐夫 ASh-82FN 星型发动机，功率 1385 千瓦（1850 马力）

最大速度：648 千米 / 时（403 英里 / 时）
航程：765 千米（475 英里）
实用升限：11000 米（36089 英尺）
爬升率：16.7 米 / 秒（3280 英尺 / 分钟）
翼载：187 千克 / 平方米（38 磅 / 平方英尺）
武器装备：2 门 20 毫米（0.79 英寸）ShVAK 航炮，每门备弹 200 发炮，外加最多 2 枚 100 千克（220 磅）重的炸弹

拉 -7 战斗机

拉 -7 是拉 -5 战斗机的最终改型。为减轻重量,该机采用了更多合金部件。另外,苏军还计划为拉 -7 安装全新的 B-20 型 20 毫米(0.79 英寸)航炮。不过,由于 B-20 型 20 毫米机关炮的生产速度较慢,拉 -7 的早期型只安装了两门 ShVAK 航炮——在德军飞机大幅提高装甲防护水平后,这种武器便过时了。

在经过一个月的试验后,拉 -7 在 1944 年 10 月被投入实战。虽然拉 -7 的发动机经常发生故障,但飞行员们仍然对该战斗机的良好表现赞不绝口。在战争结束前,工厂向一线部队交付了约 2000 架拉 -7。在 1946 年停产前,拉 -7 的总产量已突破了 5700 架。1945 年 5 月,英国试飞员、绰号"小河螺"的埃里克·布朗(Eric "Winkle" Brown)曾在波罗的海沿岸的德国空军塔尔内维茨(Tarnewitz)实验中心试飞过一架拉 -7。他表示,拉 -7 的操纵性和性能表现"相当卓越",但感觉其武器和瞄准具"低于常规水平",而且"木质结构生存性差",飞机上的仪表"也简单得吓人"。

拉 —7

这架拉 —7 是伊万·阔日杜布的座驾。伊万·阔日杜布从 1944 年年末直到战争结束都在驾驶这种飞机,他对拉 —7 评价很高——认为它是苏军第一种能在低空追上福克 – 沃尔夫 Fw 190 战斗轰炸机的机型。

拉 -7

机种:单座战斗机
长度:8.6 米(28 英尺 3 英寸)
翼展:9.8 米(32 英尺 2 英寸)
高度:2.54 米(8 英尺 4 英寸)
机翼面积:17.59 平方米(189.3 平方英尺)
空重:不详
一般起飞重量:3315 千克(7308 磅)
最大起飞重量:不详
动力系统:1 台什韦佐夫 ASh-82FN 星型发动机,功率 1385 千瓦(1850 马力)

最大速度:661 千米 / 时(411 英里 / 时)
航程:665 千米(413 英里)
实用升限:10450 米(34280 英尺)
爬升率:15.72 米 / 秒(3095 英尺 / 分)
翼载:不详
武器装备:2 门 20 毫米(0.79 英寸)ShVAK 航炮,每门备弹 200 发,外加最多 2 枚 100 千克(220 磅)重的炸弹;后期生产型配有 3 门 20 毫米(0.79 英寸)别列津 B-20 型航炮,每门备弹 100 发

雅克 –1 和雅克 –7 战斗机

雅克 –1 战斗机在 1940 年 2 月 19 日投产，但由于有近 15000 处问题需要改进，该机直到 1941 年年底才被批量装备部队。即便如此，该机的首批量产型仍然备受故障折磨，例如发动机振动严重，容易导致输油管破裂起火——这一问题直到更换了发动机支架之后才得到解决。上述问题只是苏军在 1942 年所进行的 5000 处改动中的一处而已，直到此时，雅克 –1 才真正成为一种勉强可靠的武器。

雅克 –1
机身标志显示，这架晚期型雅克 –1 战斗机来自波兰第 1 "华沙"战斗机团——当时该团正在华沙附近作战。

雅克 –1，近卫歼击航空兵第 31 团
一架后期型雅克 –1,1942–1943 年年冬季。该机是 B.N. 叶列明(B.N.Yeremin)少校的座机。机身上的标语是："献给斯大林格勒前线的近卫军飞行员叶列明少校——'斯达汉诺夫'集体农庄工人 F.P. 戈洛瓦托夫(F.P.Golovatov)同志。"

早期型雅克 –1

机种:单座战斗机
长度:8.5 米（27 英尺 11 英寸）
翼展:10 米（32 英尺 10 英寸）
高度:2.64 米（8 英尺 6 英寸）
机翼面积:17.2 平方米（185.1 英尺 2）
空重:2394 千克（5267 磅）
一般起飞重量:2883 千克（6343 磅）
最大起飞重量:不详
动力系统:1 台 M-105PA V-12 液冷活塞发动机，功率 780 千瓦（1050 马力）

最大速度:563 千米 / 时（350 英里 / 时）
航程:700 千米（435 英里）
实用升限:10000 米（32808 英尺）
爬升率:12 米 / 秒（2400 英尺 / 分钟）
翼载:171 千克 / 平方米（377 磅 / 平方英尺）
武器装备:1 门 20 毫米（0.79 英寸）ShVAK 航炮，2 挺 7.62 毫米（0.3 英寸）ShKAS 机枪

面对 1941 年时的主要对手——梅塞施密特 Bf 109E 战斗机——雅克 -1 优势明显，但它与后来德军装备的 Bf 109F 和 Bf 109G 则存在差距，尤其是在各个高度的爬升率上。很多老飞行员因此选择了减少武器——拆掉飞机上的 7.62 毫米（0.3 英寸）ShKAS 机枪，只保留一门 ShVAK 航炮。

这种轻量化的改动很受老手欢迎——对于他们而言，少一点武器其实无关紧要。战斗经历证明，经过上述改动，这些飞机的作战性能获得了明显改善。雅克 -1 的生产于 1944 年 7 月结束，总产量约为 8700 架。

雅克 -7 最初是雅克 -1 的双座教练型，但很快便成为一线战斗机，而且表现胜于前者。

雅克 -9 战斗机

雅克 -9 战斗机在 1942 年年底服役，可以将它视为雅克 -7 的轻量版（两者配备了相同的武器），但前者的后部机身相对"苗条"，还配备了气泡式座舱盖。此外，雅克 -9 的座舱后上方安装有一块厚重的防弹玻璃（取代了之前的装甲钢板），飞行员的视野

雅克 -9
"诺曼底 - 涅曼"团的一架雅克 -9。这支战斗机部队来自"自由法国"，从 1943 年 3 月到战争结束一直在东线作战。该团宣称击落了 273 架敌机，还有 37 个可能战果，而自身则损失了 87 架飞机和 52 名飞行员。

得到极大改善，尤其是消除了他们向后观察的所有障碍。雅克 -9 的生产持续到 1948 年，总产量超过 16700 架。雅克 -9 有多个改进型，这些改进型的战机采用了不同的设计方案（两种翼型、五种发动机、七种油箱布局和七种武器配置）。

雅克 -9 的优势空域是低空，在这里，该机比主要对手——梅塞施密特 Bf 109 系列战斗机更快、更灵活，只是武器略逊一筹。苏联飞行员普遍认为雅克 -9 足以与 Bf 109G 和福克 - 沃尔夫 Fw 190A-3/A-4 等战机匹敌。

雅克 -9D 战斗机小队

1944 年，一群翱翔于克里米亚上空的雅克 -9D 远程战斗机，这些战斗机来自一支近卫部队。在无线电设备普及之后，苏军战斗机能以松散编队飞行，每个飞行员都可以专心搜索敌人，而不是一直盯着长机。

雅克 -9D

机种:单座远程战斗机
长度:8.55 米（28 英尺）
翼展:9.74 米（31 英尺 11 英寸）
高度:3 米（9 英尺 10 英寸）
机翼面积:17.2 平方米（185.1 平方英尺）
空重:2350 千克（5170 磅）
一般起飞重量:3117 千克（6858 磅）
最大起飞重量:不详
动力系统:1 台克里莫夫 M-105 PF V-12 液冷活塞发动机，功率 880 千瓦（1180 马力）

最大速度:597 千米 / 时（371 英里 / 时）
射程:1360 千米（845 英里）
实用升限:9100 米（30000 英尺）
爬升率:13.7 米 / 秒（2690 英尺 / 分钟）
翼载:181 千克 / 平方米（37 磅 / 平方英尺）
武器装备:1 门 20 毫米（0.79 英寸）ShVAK 航炮，备弹 120 发；1 挺 12.7 毫米（0.5 英寸）UBS 机枪，备弹 200 发

更换武器
一名女军械兵正在拆卸雅克 −9D 战斗机上的
12.7 毫米（0.5 英寸）UBS 机枪。

雅克 -3 战斗机

由于雅克 -1、雅克 -7 和雅克 -9 的动力系统已很难取得较大的进展，为提升战机性能，雅科夫列夫设计局决定采取激进的减重措施。雅克 -3 战斗机应运而生，并从 1944 年中期开始被大量装备战斗机单位。但此举也带来了问题，并出现了很多

编队飞行的雅克 -3
战争后期，几架雅克 -3 正在飞越莫斯科市中心上空。

雅克 -3

机种：单座战斗机
长度：8.5 米（27 英尺 10 英寸）
翼展：9.2 米（30 英尺 2 英寸）
高度：2.41 米（7 英尺 11 英寸）
机翼面积：14.85 平方米（159.8 平方英尺）
空重：2105 千克（4640 磅）
一般起飞重量：2692 千克（5864 磅）
最大起飞重量：不详
动力系统：1 台克里莫夫 VK-105PF-2 V-12 液冷活塞发动机，功率 970 千瓦（1300 马力）

最大速度：655 千米 / 时（407 英里 / 时）
航程：650 千米（405 英里）
实用升限：10700 米（35000 英尺）
爬升率：18.5 米 / 秒（3645 英尺 / 分钟）
翼载：181 千克 / 平方米（37 磅 / 平方英尺）
武器装备：1 门 20 毫米（0.79 英寸）ShVAK 航炮，备弹 120 发；1 挺 12.7 毫米（0.5 英寸）UBS 机枪，备弹 200 发

起"在改出高速俯冲状态后胶合板蒙皮脱落"的事故。此外，雅克-3还备受航程短和发动机故障之苦。尽管存在上述缺点，雅克-3仍不失为一款优秀的低空战斗机。德国空军甚至下达命令，禁止飞行员"在5000米以下，与机首下方没有燃油冷却器的雅克战斗机交战"。

轰炸机

苏-2攻击机

苏-2攻击机源自一个于1936年启动的近距离支援和侦察机计划。苏-2从1939年年底开始装备部队，并接受过一系列改进（主要是换装更强劲的发动机，以提高生存能力）。苏-2的初期量产型安装了功率为820千瓦（1100马力）的图曼斯基（Tumansky）M-88星型发动机，后来改用功率为1134千瓦（1520马力）的什韦佐

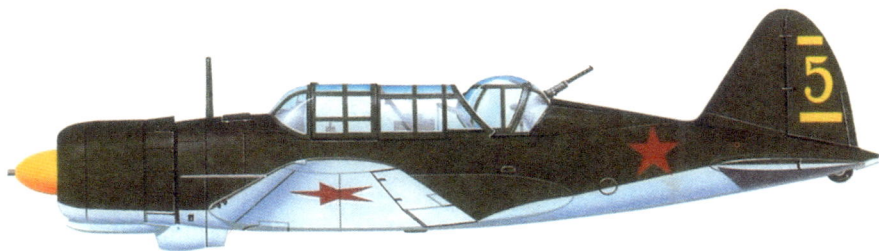

苏-2

1942年停产前，组装完成的苏-2大约有900架，但该机在1941年便已显得过时。至少有220架苏-2在战斗中损失，而幸存的苏-2则多被用于执行训练任务。

苏-2

机种:双座近距离支援飞机
长度:10.46米（34英尺4英寸）
翼展:14.3米（46英尺11英寸）
高度:3.75米（12英尺3英寸）
机翼面积:29平方米（312平方英尺）
空重:3220千克（7100磅）
一般起飞重量:4700千克（10360磅）
最大起飞重量:不详
动力系统:1台什韦佐夫M-82星型发动机，功率1134千瓦（1520马力）

最大速度:485千米/时（300英里/时）
航程:1100千米（685英里）
实用升限:8400米（27560英尺）
爬升率:不详
翼载:不详
武器装备:6挺7.62毫米（0.3英寸）ShKAS机枪（4挺位于机翼,1挺在人力操作的背部炮塔中,1挺在机腹舱门中）；内部弹舱和翼下挂点最多可携带600千克（1320磅）重的炸弹，或10枚RS-82型火箭弹/8枚RS-132型火箭弹

夫 M-82 发动机，但即使是这样的改进，也没能降低它在 1941 年和 1942 的损失率。[1]

由于自卫武器的火力弱，机动性不佳，苏 -2 在德军战斗机面前几乎没有招架之力，但该机的生产仍然持续到 1942 年年中，随后才被伊尔 -2 "斯图莫维克" 攻击机取代。

伊尔 -2 系列攻击机

1938 年，伊留申的设计团队开始研制一种拥有厚装甲的对地攻击机。在当时，该机的设计可谓独树一帜——座舱、发动机、冷却系统和油箱周围的装甲总重量高达 700 千克，而且其油箱还被设计为机身结构的组成部分，从而极大减少了重量。但即便如此，问题还是存在：该机安装的是米秋林（Mikulin）AM-35 1022 千瓦（1370马力）发动机，无法为双座版战机提供充沛动力。在这种情况下，工程师只好将该机改为单座版，并换装 1254 千瓦（1680 马力）的米秋林 AM-38 发动机——后者是 AM-35 的衍生型号，拥有稍高的低空运转功率。

这种单座攻击机就是伊尔 -2，从 1941 年 5 月开始交付苏联空军。在德军入侵时，该机的产量接近 250 架，并在对地攻击任务中发挥了巨大作用。虽然厚重的装甲影响了该机的机动性，使之容易成为德军战斗机的猎物，但在抵御轻型防空武器时却非常有效。

与其他苏联航空工厂一样，在苏联的欧洲领土相继沦陷时，伊尔 -2 的工厂也被匆忙疏散到乌拉尔山以东地区。在战争期间，伊尔 -2 虽然损失惨重，但部队却认为它们不可或缺。当斯大林看到一份承认伊尔 -2 生产缓慢的报告时，他给工厂发去了一份愤怒的电报：

你辜负了我们的国家和红军。你好大的胆子，直到现在都不打算生产伊尔 —2。伊尔 —2 就是红军的面包和空气。你，申克曼（Shenkman）[2]，每天只能造出一架伊尔 —2，但特列季亚科夫（Tretyakov）每天都能造出一两架米格 —3。这是对国家、

---

① 译者注：原文如此，虽然与西方攻击机相比，苏 —2 的损失率明显偏高，但相对于苏军同期装备的其他攻击机，其损失率却是最低的。在 1941 年，苏 —2 共出动了约 5000 架次，有 222 架在战斗中损失，出动与损失比为 22.5：1，而其他轰炸机和攻击机的出动与损失比则约为 14：1。

② 译者注：这里的申克曼全名是马特维·申克曼，时任第 18 航空工厂的厂长。

对红军的嘲弄。我要求你不要让政府失去耐心，你必须生产更多的伊尔－2。我最后一次警告你。

——斯大林

在战争爆发几周内，有些装备伊尔-2的单位开始在驾驶舱后面的机身上开洞，试图为机枪射手安置临时座位。苏军为伊尔-2加装了各种各样的机枪，其中12.7毫米（0.5英寸）UBT机枪因火力猛烈[其火力远远超过其他型号的机枪（其中很多机枪的口径比步兵机枪的口径大不了多少）]，而最受一线部队欢迎。虽然后座机枪手没有装甲保护，而且射界有限，但在面对德军战斗机时，双座版伊尔-2的生存率却远高于单座版伊尔-2。因此，重新设计过的双座版伊尔-2在1942年9月恢复了生产。在该改进型伊尔-2上，后座机枪手拥有更开阔的射界，但仍然没有装甲防护。

伊尔-2系列攻击机的生产一直持续到1945年，总产量超过36000架。在1941年至1945年间，它们承担着最危险的任务，并付出了惊人的代价——损失了10700架。

伊尔－2M3"斯图莫维克"
德军战斗机飞行员们最初惊恐地发现，各种枪弹会在伊尔－2M3"斯图莫维克"的装甲上弹开，但他们不久后便学会了从下方和后方发起攻击，并瞄准燃油冷却器和后方炮手。

伊尔 −2M3 "斯图莫维克"

当机组人员熟悉了伊尔 −2M3 "斯图莫维克" 的性能之后，其作战效率开始不断提升。他们不会再像最初一样从低空直接发起攻击，而是会从一侧接近目标，然后以 30 度角进行小角度俯冲。

伊尔 −2（双座版）

机种:双座近距支援飞机
长度:11.6 米（38 英尺 1 英寸）
翼展:14.6 米（47 英尺 11 英寸）
高度:4.2 米（13 英尺 9 英寸）
机翼面积:38.5 平方米（414 平方英尺）
空重:4360 千克（9612 磅）
一般起飞重量:6160 千克（13580 磅）
最大起飞重量:6380 千克（14065 磅）
动力系统:1 台米秋林 AM-38F 液冷 V-12 发动机，功率 1285 千瓦（1720 马力）
最大速度:414 千米 / 时（257 英里 / 时）

航程:720 千米（450 英里）
实用升限:5500 米（18045 英尺）
爬升率:10.4 米 / 秒（2050 英尺 / 分钟）
翼载:160 千克 / 平方米（31.3 磅 / 平方英尺）
武器装备:2 门 23 毫米（0.9 英寸）VYa-23 机炮，每门备弹 150 发，2 挺 7.62 毫米（0.3 英寸）ShKAS 机枪，每挺备弹 750 发，外加 1 挺由后座机枪手操纵的 12.7 毫米（0.5 英寸）别列津 UBT 机枪，每挺备弹 300 发；最多可携带 600 千克（1320 磅）重的炸弹，以及 8 枚 RS-82 型火箭弹或 4 枚 RS-132 型火箭弹

乌 −2/ 波 −2 攻击机

波利卡波夫设计的乌 -2/ 波 -2 攻击机是一种可靠、简单、容易操纵的飞机，该机安装有一部功率为 74 千瓦（99 马力）的什韦佐夫星型气冷发动机。1928 年 1 月，该机首次试飞，最初被用作初级教练机和农用飞机——由于成本低廉、维护方便，其产量高达 20000 架（直到 20 世纪 50 年代才停止生产）。

在 1941 年 "巴巴罗萨" 行动初期，由于苏军飞机损失惨重，很多乌 -2 被迫投入战场临时充当轻型轰炸机。乌 -2 的首次登场是在敖德萨保卫战期间，但很快它就在各种夜袭任务中证明了自己的价值，后来苏军甚至专门生产了被称为乌 -2VS（"VS" 是 "Voyskovaya Seriya" 的缩写，即 "军用型"）的轰炸型。在战争期间，它

乌 -2/ 波 -2

乌 -2 于 1929 年开始服役，是苏联空军的标准初级教练机，但也在夜间袭扰任务中发挥了重大作用。其装备的部队之一夜间轰炸航空兵第 588 团，该团的飞行人员和地勤全部是女性，因为对德军后方发动大胆的夜袭而声名显赫。

波 -2

机种:双座夜间袭击机
长度:8.17 米（26 英尺 10 英寸）
翼展:11.40 米（37 英尺 5 英寸）
高度:3.1 米（10 英尺 2 英寸）
机翼面积:33.2 平方米（357 平方英尺）
空重:770 千克（1698 磅）
一般起飞重量:1030 千克（2271 磅）
最大起飞重量:1350 千克（2976 磅）
动力系统:1 台什韦佐夫 M-11D 五缸星型发动机，功率 93 千瓦（125 马力）

最大速度:152 千米 / 时（94 米 / 小时）
航程:630 千米（391 英里）
实用升限:3000 米（9843 英尺）
爬升率:2.78 米 / 秒（546 英尺 / 分钟）
翼载:41 千克 / 平方米（8.35 磅 / 平方英尺）
武器装备:1 挺由后座机枪手操纵的 7.62 毫米（0.3 英寸）ShKAS 机枪，最多可携带 6 枚 50 千克（110 磅）重的炸弹

们曾多次进行夜间骚扰，并取得了不俗战绩，德国空军甚至曾因此紧急要求改装一种可以能拦截它们的夜间战斗机。

　　乌 -2 的速度极慢，常见的德军夜间战斗机——如梅塞施密特 Bf 110 和容克斯 Ju 88——要想发起攻击，就必须减速，并面临失速坠毁的危险。最终，德军为大约 30 架福克 - 沃尔夫 Fw 189 战术侦察机安装了机炮和雷达，从而在某种程度上克制了来袭的乌 -2。[1]

---

　　[1] 译者注：这种说法不准确，福克 - 沃尔夫 Fw 189 的夜战型直到 1944 年才投入战斗，且作用非常有限。此前，除了使用夜战型的梅塞施密特 Bf 110 和容克斯 Ju 88 外，德军还改装了一批慢速的亨克尔 He 111 轰炸机，以拦截乌 -2 和为游击队空投物资的苏军老式轰炸机。

TB-3 轰炸机

TB-3 轰炸机源自苏军在 1929 年提出的重型轰炸机需求。作为回应，图波列夫设计局在早期 TB-1 轰炸机的基础上拿出了一种放大的全金属波纹蒙皮四引擎单翼轰炸机方案。1930 年 12 月 22 日，该方案的原型机首飞，并在 1931 年 2 月 20 日获准量产，但问题也随之暴露出来，例如大部分产品都有至少 10%——约 1100 千克（2425 磅）——的超重，令原本平庸的性能进一步恶化。上述问题源自糟糕的生产工艺和质量控制手段，导致在制造时使用了很多超重部件（如机翼和机身壁板）。甚至紧急减重措施都于事无补，许多飞机的重量仍有数百公斤的波动。

在 1932 年服役时，TB-3 堪称全球最先进的重型轰炸机，能够携带 2200 千克（4850 磅）重的炸弹，拥有 8 挺机枪（自卫武器）。TB-3 的改进型号一直生产到 1937 年，总产量超过 800 架。

按照设想，TB-3 将从 1939 年逐步转入二线，但它们仍在哈拉哈河战役和"冬季战争"中登场，以对抗日本和芬兰军队。在德军入侵期间，有超过 500 架 TB-3 仍在服役，并在最初的昼间空袭中损失惨重，其余的飞机只能被匆忙改为夜间轰炸机，1943 年后，幸存者则被改为运输机使用。

在战争期间，TB-3 还参与了当时最特殊的一项计划，即"连接"（Zveno）子母机（最多可以搭载 5 架战斗机）计划。虽然该计划包括多种衍生型号，但只有一种型号真正参加了战斗，即 SPB（全称为"Sostavnoi Pikiruyuschiy Bombardirovschik"，即"子母俯冲轰炸机"）。每架 SPB 都由 1 架 TB-3 轰炸机和 2 架伊 -16 战斗机组成，后者被吊挂在前者的机翼下，并携带了 2 枚 250 千克（550 磅）重的 FAB-250 炸弹。1941 年 7 月，2 架 SPB 从克里米亚的叶夫帕托利亚（Eupatoria）起飞，前去攻击罗马尼亚康斯坦察（Constanţa）的油库。它们在距离目标 40 千米（25 英里）的地方放飞了伊 -16，后者成功命中目标，然后凭借自身动力返航。

在后来的几个月里，苏军又用这种组合袭击了一系列位于罗马尼亚的目标，包括普洛耶什蒂（Ploiesti）—康斯坦察输油管道的必经之地——多瑙河上的卡罗尔一世国王大桥（King Carol Ⅰ Bridge）。苏军共用 SPB 执行了大约 30 次任务，但面对德国空军的绝对优势，再加上 TB-3 轰炸机和伊 -16 战斗机早已过时，后续行动最终在 1942 年停止。

TB-3
在苏联某地投放伞兵的 TB-3，似乎是在进行训练。

TB-3-4M-17F 1934 型

机种:六座重型轰炸机 / 运输机
长度:24.4 米（80 英尺 1 英寸）
翼展:41.8 米（137 英尺 2 英寸）
高度:8.5 米（27 英尺 11 英寸）
机翼面积:234.5 平方米（2524 平方英尺）
空重:11200 千克（24690 磅）
一般起飞重量:17200 千克（37920 磅）
最大起飞重量:19300 千克（42550 磅）
动力系统:4 台米秋林 M-17F V12 发动机，每台功率 525 千瓦（705 马力）

最大速度:212 千米 / 时 [129 英里 / 时，3000 米（9800 英尺）高度]
续航力:2000 千米（1240 英里）
实用升限:4800 米（15750 英尺）
爬升率:1.25 米 / 秒（246 英尺 / 分钟）
翼载:73 千克 / 平方米（15 磅 / 平方英尺）
武器装备:最多 8 挺 7.62 毫米（0.3 英寸）DA 机枪，最多可以携带 2000 千克（4400 磅）重的炸弹

佩 -8 轰炸机

　　1934 年，苏联政府要求航空工业界研制一种重型轰炸机，以替代 TB-3。1936 年 12 月，佩 -8 轰炸机的原型机完成首飞。1937 年，佩特利亚科夫设计团队中的大部分人都在"大清洗"中锒铛入狱，佩 -8 轰炸机的研制计划也因此中断，直到 1938 年 7 月 26 日，第二架样机才完成试飞。

佩-8

在防御武器方面，二战时很少有轰炸机能和佩-8比肩。但由于苏联无法生产可靠的辅助动力机枪塔，这些武器的性能受到了一定的影响。佩-8的炮塔大多为人力操纵，旋转和俯仰速度太慢，很难发挥真正的作用。

佩-8/AM-35A

机种:九座重型轰炸机
长度:23.2米（76英尺）
翼展:39.13米（128英尺4英寸）
高度:6.2米（20英尺4英寸）
机翼面积:188.66平方米（2030.7平方尺）
空重:18571千克（40941磅）
一般起飞重量:27000千克（59400磅）
最大起飞重量:35000千克（77000磅）
动力系统:4台秋林AM-35A液冷V12发动机，每台功率999千瓦（1340马力）
最大速度:443千米/时（275英里/时）

航程:3700千米（2299英里）
实用升限:9300米（30504英尺）
爬升率:5.9米/秒（1154英尺/分钟）
翼载:143千克/平方米（29磅/平方英尺）
武器装备:2门20毫米（0.79英寸）ShVAK机炮（背部和尾部炮塔），2挺12.7毫米（0.5英寸）UBT机枪（位于发动机舱内）；2挺7.62毫米（0.3英寸）ShKAS机枪（机首炮塔）；最多可携带5000千克（11000磅）重的炸弹，包括5000千克（11000磅）重的FAB-5000型炸弹

不仅如此，斯大林还多次干预了这个重点项目，但结果却适得其反。虽然工厂早在1936年便奉命准备机具，但各项工作直到1939年才处理完毕。此外，另一个问题在于缺乏合适的发动机，这导致佩-8在1944年停产前只有93架完工下线。

佩-8也是这次战争中苏军列装的唯一的一种现代化重型轰炸机，它们不仅执行过夜袭柏林、柯尼斯堡和但泽等城市的任务，还曾轰炸过德军的交通线。其间，很多佩-8被德军的夜间战斗机和高射炮摧毁，但产量基本可以弥补损失——在战争结束时，仍有32架佩-8处于服役状态。

SB-2 轰炸机

为满足苏联当局于1933年提出的对高速轰炸机的需求，苏军从1936年开始列装SB-2轰炸机。当时，SB-2是世界上最先进的中型轰炸机，其速度比同时代的战斗机

更快。在西班牙内战期间，苏军向共和军轰炸机部队提供了 93 架 SB-2（国民军的亨克尔 He 51 和菲亚特 CR 32 双翼战斗机无法对它们造成威胁）。但在 1937 年，随着国民军开始装备梅塞施密特 Bf 109 战斗机，SB-2 终于遇到了天敌。之后，SB-2 的损失数量急剧增加，在战争结束时，幸存的 19 架 SB-2 全部被国民军接收。在 1937 年至 1941 年间，苏联还向中国国民党政府提供了 220 架 SB-2，供后者在对日作战中使用。

到 1939 年，SB-2 轰炸机已经严重过时——在哈拉哈河战役中，它们的主要对手是中岛 Ki-27 战斗机，后者十分敏捷，令苏军损失惨重。在对芬兰的"冬季战争"中，SB-2 的脆弱性更是暴露无遗，至少 100 架沦为芬军战斗机和高射火力的"猎物"。

德军入侵前夕，SB-2 正逐渐被佩-2 取代，但其实际数量仍占苏军一线轰炸机部队装备的飞机总数的 94%（约 2000 架，驻扎在苏联西部各军区）。有许多 SB-2 成为德军偷袭的牺牲品，幸存者在白天匆忙起飞，在没有战斗机护航的情况下前去攻击敌军，并纷纷被德军摧毁。不久后，SB-2 改为执行夜间轰炸任务。1942 年，SB-2 被改为运输机。

SB-2 M-103

SB-2 M-103 是 SB-2 的晚期型号，其机枪布局较 1940 年前的版本有所改进，主要修改了机首和机腹的机枪位置，扩大了射界，并采用了新的背部炮塔。

SB-2 M-103

机种:三座中型轰炸机
长度:12.57 米（41 英尺 3 英寸）
翼展:20.33 米（66 英尺 8 英寸）
高度:3.6 米（11 英尺 10 英寸）
机翼面积:56.7 平方米（610.3 平方英尺）
空重:4768 千克（10512 磅）
一般起飞重量:6308 千克（14065 磅）
最大起飞重量:7880 千克（17370 磅）
动力系统:2 台克里莫夫 M-103 液冷 V12 发动机，每台功率 716 千瓦（960 马力）
最大速度:450 千米 / 时 [280 英里 / 时，4100 米（13450 英尺）高度]

续航力:2300 千米（1429 英里）
实用升限:9300 米（30510 英尺）
爬升率:不详
翼载:不详
武器装备:4 挺 7.62 毫米（0.3 英寸）ShKAS 机枪（2 挺在机首，1 挺在机背，1 挺在机腹）；弹舱可挂载 6 枚 100 千克（220 磅）重的炸弹或 6 枚 50 千克（110 磅）重的炸弹，机翼挂架可悬挂 2 枚 250 千克（550 磅）重的炸弹

SB-2 M-103

1941 年夏，为 SB-2 M-103 装弹的军械人员——注意该机呈流线型的发动机短舱。

DB-3 和伊尔 -4 轰炸机

DB-3 轰炸机是一种远程轰炸机，分别在 1935 年和 1937 年首飞与服役。在登场时，其各项性能有明显优于同期问世的德国亨克尔 He 111B 轰炸机。1938 年之后，该机又安装了一系列新引擎，但在 1939 年停产时，该机仍然不可挽回地过时了——此时其总产量已达 1500 余架。

在 DB-3 的基础上，苏军还推出了代号为 DB-3T 的鱼雷轰炸机，后者于 1937 年服役，其名字中的 "T" 是 "Torpedonosyets"（鱼雷）的缩写。相较于标准版的 DB-3，苏军只对 DB-3T 做了简单改进，即在其机身中线上加装了吊钩，以便挂载 1 枚鱼雷。此外，DB-3T 还可以携带空投水雷或普通炸弹。DB-3T 也是苏军第一种经过专门设计的鱼雷轰炸机，始终备受海军航空兵的青睐，苏军的"水鱼雷航空兵"部队最初列装的也正是该机。

伊尔 -4
伊尔 -4 参与了苏联空军的大部分战略轰炸行动，其生产一直持续到 1944 年，总产量超过 5200 架。

伊尔 -4

机种:四座中型轰炸机
长度:14.76 米（48 英尺 5 英寸）
翼展:21.44 米（70 英尺 4 英寸）
高度:4.2 米（13 英尺 9 英寸）
机翼面积:66.7 平方米（718 平方英尺）
空重:5800 千克（12787 磅）
一般起飞重量:10000 千克（22046 磅）
最大起飞重量:12120 千克（26720 磅）
动力系统:2 台图曼斯基 M-88B 星型发动机，每台功率 820 千瓦（1100 马力）
最大速度:410 千米 / 时 [255 英里 / 时，6500 米（21325 英尺）高度]

航 程:2600 千米 [1616 英里，挂载 1000 千克（2200 磅）炸弹时]
实用升限:8700 米（28500 英尺）
武器装备:2 挺 7.62 毫米（0.3 英寸）ShKAS 机枪（1 挺位于机头，1 挺位于机腹）；1 挺 12.7 毫米（0.5 英寸）UBT 机枪（背部炮塔）；2 枚 305 毫米（12 英寸）BETAB-750DS 型火箭弹或 1 枚 940 千克（2100 磅）重的 45-36AN 型鱼雷，或最多 2700 千克（6000 磅）重的炸弹 / 水雷伊尔-4是DB-3轰炸机的改进版，其最初编号为DB-3F（其中的"F"是"Forsirovanniye"的缩写，即"远程"），于1939年开始服役。该机最醒目的特征是拥有流线型设计的修长机首——这为安装导航设备或投弹瞄准具提供了更多空间，并在一定程度上减小了飞行阻力。其他改进则包括：将背部的7.62毫米（0.3英寸）的ShKAS机枪更换为12.7毫米（0.5英寸）UBT机枪，并为机枪手战位增加了少量装甲保护。另外，苏军还推出了执行反舰任务的鱼雷轰炸机版本，即伊尔-4T。值得一提的是，除了鱼雷之外，伊尔-4T还可以携带BETAB-750DS型305毫米（12英寸）火箭弹。

DB-3和伊尔-4曾在1941年多次长途奔袭轰炸柏林，但大多数情况下，它们执行的并不是此类"宣传性任务"，而是进行近距离战场遮断——为此，它们不仅会装满内部弹舱（最大载弹量2500千克），还会在机翼下方另外加挂1000千克（2204磅）重的炸弹。

佩-2轰炸机

佩-2俯冲轰炸机绰号"佩什卡"，其设计团队由弗拉基米尔·佩特利亚科夫（Vladimir Petlyakov）领衔。它诞生在所谓的"沙拉什卡"（sharashka）中——一个设在古拉格劳改营之中的秘密设计局。佩-2原本是一种高空双座远程战斗机，负责伴随佩-8等远程轰炸机深入敌后。

佩-2原型机于1939年12月首飞。不久后，佩-2便获准列装部队。但在启动生产计划前夕，鉴于德军俯冲轰炸机在法国战役中取得的成功，上级突然命令将其改为三座俯冲轰炸机。

佩-2的操纵性一般，但在1941年，它们可以凭借高速摆脱德军战斗机的追击。随着更强大的德军截击机登场，佩-2的损失率开始攀升——当然，这种情况还与其孱弱的防御火力有关。佩-2只装备了4挺7.62毫米（0.3英寸）ShKAS机枪，其中2挺位于机首，1挺位于背部，还有1挺被安装在机腹机枪座上。为提升佩-2的自卫火力，苏军采取了很多措施，包括在佩-2的背部和机腹的战位上加装双联装RS-82型火箭弹发射轨、用12.7毫米（0.5英寸）UBT机枪更换ShKAS机枪，以及为后期型号安装更强劲的发动机。

早期型佩-2能在舱内携带6枚100千克（220磅）重的FAB-100型炸弹，其

佩－2

1944 年 3 月，在爱沙尼亚上空，一个佩－2 编队向纳尔瓦（Narva）飞去。在苏军发动的一系列空袭中，这座古老的城市几乎被夷为平地。

中 4 枚位于机身弹舱，2 枚位于起落架后方的引擎舱弹舱内。另外，苏军还为该机加装了 4 个外部挂架——这样的设计能使该机多携带 4 枚 250 千克（550 磅）重的 FAB-250 型炸弹。在战争初期，由于飞行员缺乏俯冲轰炸训练，佩-2 的潜能从未得到过彻底发挥。

很快，前线人员就摸索出了理想战术，其中的代表人物就是轰炸航空兵第 150 团的团长伊万·波尔宾（Ivan Polbin）。1942 年年初，他完善了所谓的"轮盘"（Vertushka）战术，即 9 架佩-2 组成 3 个楔形编队，其中 1 个编队在前、2 个编队在后，在抵达目标上空后，这些飞机将保持 610 米（2000 英尺）的间隔，鱼贯飞向目标，并以 70 度角发动俯冲，直到各机投弹完毕。

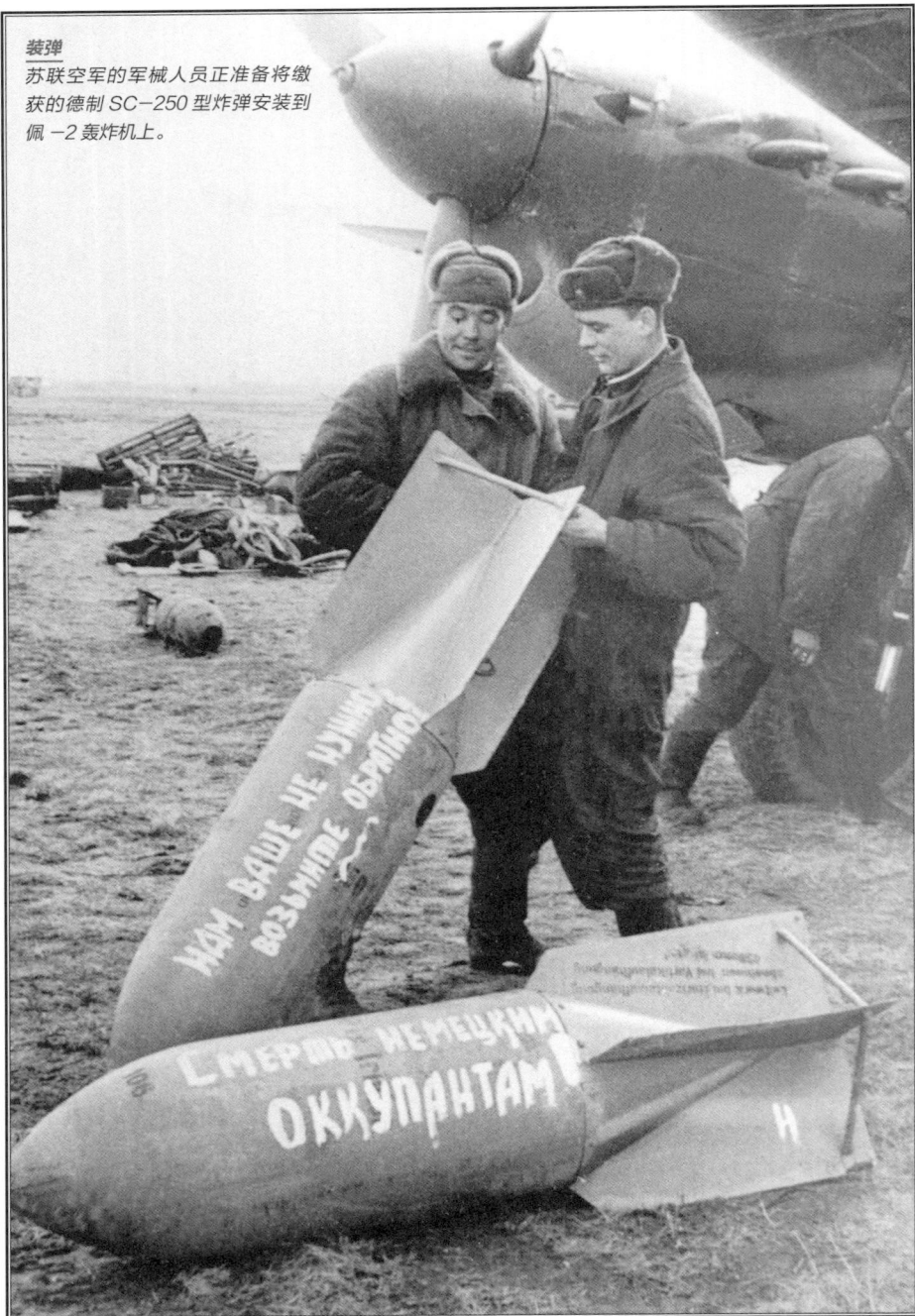

装弹

苏联空军的军械人员正准备将缴获的德制 SC-250 型炸弹安装到佩-2 轰炸机上。

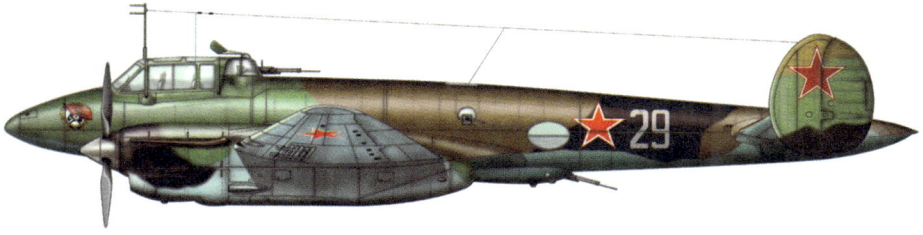

佩 -2

佩 -2 于 1941 年中期服役。作为一种性能强悍的高性能轻型轰炸机，它迅速在战场上证明了自己，有时它也被称为"俄国蚊式"。佩 -2 系列战机的总产量超过了 11000 架。

佩 -2 早期型

机种: 三座轻型轰炸机
长度: 12.66 米（41 英尺 6 英寸）
翼展: 17.16 米（56 英尺 3 英寸）
高度: 3.5 米（11 英尺 6 英寸）
机翼面积: 40.5 平方米（436 平方英尺）
空重: 5875 千克（12952 磅）
一般起飞重量: 7563 千克（16639 磅）
最大起飞重量: 8495 千克（18728 磅）
动力系统: 2 台克里莫夫 M-105PF 液冷 V-12 发动机，每台功率 903 千瓦（1210 马力）
最大速度: 580 千米 / 时（360 英里 / 时）
航程: 1160 千米（721 英里）

实用升限: 8800 米（28870 英尺）。
爬升率: 7.2 米 / 秒（1410 英尺 / 分钟）
翼载: 186 千克 / 平方米（38 磅 / 平方英尺）
武器装备: 2 挺 7.62 毫米（0.3 英寸）固定式前射 ShKAS 机枪，其中一挺机枪在后续型号中被 12.7 毫米（0.5 英寸）UB 机枪取代，另外该机背部和机腹还各有 1 挺 7.62 毫米（0.3 英寸）ShKAS 机枪；从 1942 年中期开始，该机安装了有人力操纵的背部炮塔（配有 1 挺 UB 机枪）、1 挺位于机腹的 UB 机枪，以及可以从左、右和背部舱口发射的 ShKAS 机枪；另外，该机最多可以携带 1600 千克（3520 磅）重的炸弹

图 -2 轰炸机

图 -2 轰炸机同样诞生于"沙拉什卡"，其满足了苏军于 1938 年提出的对快速轰炸机的需求。图 -2 的原型机于 1941 年 1 月 29 日首飞，其最高速度达到了惊人的每小时 635 千米（每小时 395 英里）。但由于米秋林 AM-37 发动机的问题，该机后来被迫换装功率较低的 ASh-82FN 星型发动机，不过此举对飞机的整体性能影响不大。

图 -2 于 1942 年 2 月开始量产。不久后，图 -2 的生产就被迫暂停，以便为前线急需的战斗机和佩 -2 轰炸机腾出资源。但在此期间，前线轰炸机部队却不断要求装备比佩 -2 航程更远、载弹量更大的轰炸机——这成了图 -2 在 1943 年 4 月复产的契机。在战争结束前，共有超过 1100 架图 -2 被交付部队，在 1948 年停产前，至少还有 1400 架图 -2 建造完毕。

图 -2

1944 年，苏军测试了一种名为"图 -2"的对地攻击机，该机有 2 个子型号，其中一种型号在机身中线配有 1 门 76.2 毫米（3 英寸）火炮，而另一种型号则在弹舱内安装有 88 支 PPSh-41 冲锋枪，能以 30 度角向前下方射击。不过，这两种型号的"图 -2"对地攻击机都没有投产。

图 -2（1943 年之后的机型）

机种:四座轻型轰炸机
长度:13.8 米（45 英尺 3 英寸）
翼展:18.86 米（61 英尺 10 英寸）
高度:4.13 米（13 英尺 7 英寸）
机翼面积:48.8 平方米（525 平方英尺）
空重:7601 千克（16757 磅）
一般起飞重量:10538 千克（23232 磅）
最大起飞重量:11768 千克（25944 磅）
动力系统:2 台什韦佐夫 ASh-82 星型发动机，每台功率 1380 千瓦（1850 马力）
最大速度:550 千米 / 时（342 英里 / 时）

航程:2020 千米（1260 英里）
实用升限:9000 米（29528 英尺）
爬升率:8.2 米 / 秒（1610 英尺 / 分钟）
翼载:220 千克 / 平方米（45 磅 / 平方英尺）
武器装备:2 门前射固定式 20 毫米（0.79 英寸）ShVAK 航炮,位于左右翼根处,每门备弹 200 发，外加 3 挺 12.7 毫米（0.5 英寸）UBT 机枪（2 门背部和 1 门腹部）, 每挺备弹 250 发；内部最多可携带 1000 千克（2200 磅）重的炸弹，发动机内侧的机翼挂架下可悬挂 2000 千克（4400 磅）重的炸弹

苏军机载武器

机枪

PV-1 机枪

PV-1 机枪是马克沁 1910 机枪的气冷型，但重量更轻。该机枪于 1928 年在部队中列装，并被安装在二战前苏军装备的大部分战机上。

ShKAS 机枪

ShKAS 机枪于 1933 年服役。该机枪有固定式和旋转式两种型号，前者平均备弹 750 发，后者平均备弹 1000—1500 发。该机枪重量轻、射速快（早期型为每

分钟 1880 发，1937 年之后生产的型号为每分钟 2000 发），是战争期间最优秀的小口径机载武器。

ShKAS 机枪并非没有瑕疵，一名军械兵回忆说："……ShKAS 机枪的缺点非常多，仅仅是卡壳方面的问题就有足足 48 种，其中一些可以立即修复，但大多数都不行。而且 ShKAS 机枪的射速非常快，这本应该是好事，但它每分钟 1800 发的速度实在是快得让人抓狂。因为如果你撚下扳机的时间太长，ShKAS 机枪会把所有弹药一下打完——情况就是这么夸张！"

别列津 UB 机枪（重机枪）

UB 机枪于 1941 年服役，其前身是于 1939 年开发完成的 BS 机枪，相关设计人员在设计时解决了后者的许多问题。UB 机枪包括三种子型号：通常被安装在机翼上的 UBK 型，主要被安装在雅克 -1 等战斗机的发动机上方的、使用射击协调器的 UBS 型，以及通常被安装在机枪塔中的 UBT 型。

与精密娇贵的 ShKAS 机枪不同，UB 机枪的设计简单，可以被工厂快速生产——即便是生产机器发生了重大故障，工程人员也不必费力修复，而是可以直接从大量备品中另找一台加以替换。

航炮

ShVAK 型航炮

ShVAK 型航炮结构紧凑、重量轻便、射速极快，被装备在当时苏军的大部分战斗机上，其唯一的缺陷是它使用的轻型炮弹的装药量有限。

伏尔柯夫 – 雅尔雪夫（Volkov-Yartsev）VYa-23 型航炮

VYa-23 型航炮于 1940 年至 1941 年间开发，苏军主要将其用来反坦克。VYa-23 型航炮的威力比 20 毫米口径的 ShVAK 型航炮更大，弹头装药量是后者的 2 倍，可以在 400 米（1312 英尺）外击穿 25 毫米（0.98 英寸）厚的装甲。虽然 VYa-23 型航炮已很难击穿在 1942 年和 1943 年之后出现的、装甲更厚实的德国装甲车辆，但其因为炮口初速较快、高爆弹性能优异，仍不失为一种有效的对空和对地武器。

诺尔德曼－苏拉诺夫（Nudelman-Suranov）NS-37 型和 NS-45 型航炮

NS-37 型航炮于 1941 至 1942 年间开发，并在 1943 年完成战斗测试后列装部队。它是一种优秀的反坦克炮，能在 500 米（1640 英尺）外穿透 48 毫米（1.88 英寸）厚的装甲，还能有效打击空中目标——只要命中一发，敌机就将必死无疑。但另一方面，NS-37 型航炮的后坐力也影响了其准确性，这一点在打击移动中的装甲车辆（尽管速度不快）时尤为明显。

配备 NS-37 型航炮的伊尔 -2 攻击机大约有 3500 架——这些攻击机的航炮都安装在机翼下方的大型篓舱中，每门航炮备弹 40 发。[①] 另外，NS-37 型航炮还曾被安装在少量拉格 -3 和雅克 -9 战斗机上，此时每门航炮的备弹量为 30 发。[②]

NS-45 型航炮是 NS-37 型航炮的放大版，为了减少后坐力，这些航炮都配备了炮口制退器。NS-45 型航炮是雅克 -9K 战斗机（主要充当"轰炸机杀手"）的主要武器。在被用作轴炮时，NS-45 型航炮巨大的后坐力经常引发机械故障，也正是因为如此，一线部队只装备了约 50 架雅克 -9K 战斗机。另外，苏军还试图将两门 NS-45 型航炮安装在伊尔 -2 攻击机的机翼下，但反坦克实验表明，该武器不仅准确性差，而且后坐力大（可能损伤机身）。

空射火箭弹

RS-82 型和 RS-132 型火箭弹

这两种安装了稳定尾翼的火箭弹于 20 世纪 30 年代初开始研发，并分别在 1937 年和 1938 年正式服役。最初，RS-82 型火箭弹似乎是一种对空武器。在 1939 年 8 月的哈拉哈河战役中，苏军宣称用它们取得了 19 个战果。虽然这些战果明显有所夸大，但仍然证明了这种安装触发引信的火箭弹完全有能力摧毁同时期的任何飞机。唯一美中不足的是，该火箭弹的飞行速度太慢了，而且每架伊 -16 战斗机的最大携带量只有 6 发——命中空中目标的机会微乎其微。

---

① 译者注：原文如此，实际为每门备弹 50 发。
② 译者注：原文如此，此处不准确，一般来说，只有在拆除了机首的 UB 重机枪后，拉格 -3 战斗机的备弹量才能达到 30 发，如果保留该机枪，备弹量将下降到 21 发。

在战争爆发的最初几个月，许多苏军战斗机都携带过 RS-82 型火箭弹，但它们在空战中鲜有建树。1942 年，苏军不再在战斗机上装备 RS-82 型火箭弹。但另一方面，伊尔 -2 攻击机却经常携带 8 枚 RS-82 型火箭弹进行对地攻击。

RS-132 型火箭弹从一开始就是作为对地武器研发的，在对芬兰的"冬季战争"期间，曾有少量 SB 系列轰炸机试验性地挂载过这种武器。但它的主要使用者似乎是伊尔 -2 攻击机，主要用其充当 RS-82 型火箭弹的替代品。

BETAB-750DS 型火箭弹

1938 年之后，军工部门为苏联海军航空兵开发了一系列反舰火箭弹。其中一种是 BETAB-170DS 型火箭弹（它似乎一直服役到 20 世纪 70 年代），另外一种是庞大的 BETAB-750DS 型火箭弹（在 1942 年投入使用，主要由伊尔 -4T 鱼雷轰炸机携带）。

450 毫米（17.7 英寸）45-36AN 型鱼雷

相关人员在设计该鱼雷时参考了 1932 年从意大利购买的 450 毫米（17.7 英寸）鱼雷图纸。其初始型号（45-36N 型）主要用于苏军的老式驱逐舰，在空投版本中，设计师们加强了雷体结构，以抵御入水时的冲击，并拆除了 45-36N 型上的调速装置。

炸弹

在俄语中，通用炸弹名为"Fugasnaya aviatsionnaya bomba"，缩写为 FAB，在表示型号时，其后方的数字反映了炸弹的标称重量。20 世纪 30 年代，红空军的标准武器包括 FAB-25、FAB-50、FAB-100、FAB-250 和 FAB-500 型炸弹。FAB-1000 型炸弹于 1941 年服役，FAB-2000 和 FAB-5000 型炸弹于 1943 年服役，后两种炸弹非常罕见，总产量只有 93 枚，能携带它们的只有佩 -8 轰炸机。

除了这些"标准"炸弹之外，苏军还在 1943 年至 1945 年间生产了大量（超过 9000000 枚）PTAB 型炸弹（PTAB 是俄语"Protivo Tankovaja Avia Bomba"的缩写，即"反坦克航空炸弹"）。这些炸弹重量轻，可以由大部分苏军飞机搭载——伊尔 -2 攻击机甚至可以在弹舱内携带多达 192 枚这种炸弹。这些炸弹一般在 70 米（230 英尺）高空投放，可形成一片 15 米 ×70 米（49 英尺 ×230 英尺）的杀伤区域。

福特 GPA 型 1/4 吨 4×4 两栖车
1945 年，德国，苏军的一队福特 GPA "两栖吉普车"。苏军共收到过 3500 辆该型车辆，在 1944 年和 1945 年的战役中，它们在渡河行动中发挥了重大作用。

第五章

《租借法案》援助武器

1941 年 12 月初，德军第 7 步兵师的侦察部队抵达了距离克里姆林宫不到 18 千米（11 英里）的希姆基（Khimki）镇。当时，苏军可以用来保卫莫斯科的坦克只有 670 辆，其中 465 辆是完全过时的轻型坦克。

在德军兵临莫斯科之际，大约 90 辆英国坦克（主要是"玛蒂尔达"坦克和"瓦伦丁"坦克）奉命投入战斗，并发挥了重要作用。而在 1941 年 12 月初的整个莫斯科战役中，英国坦克可能占到了苏军重型和中型坦克总数的 30%—40%。之后，越来越多的英制坦克抵达苏联，到 1941 年年底，其总数已达到 466 辆。

在 1943 年，装备由西方援助的装甲车辆的单位占苏军坦克部队总数的 17%。此后，更是有部分坦克军和机械化军（例如近卫机械化第 1 军）装备的坦克全都是 M4A2"谢尔曼"（于 1944 年和 1945 年交付）。

至战争结束时，西方盟国向苏军提供的装甲车辆的数量约占苏联战时坦克产量的 16%，自行火炮产量的 12%。[①]

[①] 译者注：原文如此，在西方盟国向苏联提供的武器中，严格意义上的自行火炮只有 52 辆 M10"狼獾"坦克歼击车、5 辆"地狱猫"坦克歼击车、650 辆搭载 57 毫米炮的 T48 半履带坦克歼击车，就算把 1100 辆自行防空半履带车也计算在内，其总量离苏联自行火炮产量的 12% 仍相差甚远。

M4A2"谢尔曼"
战斗中的 M4A2"谢尔曼"坦克——该坦克采用了全金属的 T49 履带，这种履带比挂胶履带更适合东线的环境。

英国和美国还向苏联提供了大量飞机，"有力补充了事故率居高不下，并被德军重创的红色空中力量"。

西方盟国向苏联提供的军用飞机的数量约占苏军飞机总数的 18%，轰炸机总数的 20%，战斗机总数的 16%，海军飞机总数的 29%。在某些指挥部辖下，西方援助飞机的占比甚至更高。1941 年至 1945 年间，在国土防空军战斗机部队装备的 9888 架战斗机中，有 6953 架（超过 70%）由英国或美国制造。

英国和加拿大援助的装甲车辆

在 1942 年春天和夏天，大量英国坦克通过北极船队和"波斯走廊"运抵苏联。另外，在加拿大生产的 1420 辆"瓦伦丁"坦克，绝大部分也被提供给了苏联。1942 年 7 月，苏军一共有 13500 辆坦克，其中有超过 16% 的坦克是通过《租借法案》获得的，而在后者中，又有超过一半的坦克是英国制造的。

很多苏联官方资料批评上述装甲车辆的质量不佳，认为它们比不上 T-34 和 KV-1 坦克。这对于"瓦伦丁"和"玛蒂尔达"坦克来说确实没有错，但它们都是当时英国和加拿大的最新型号，而且比苏联同期批量生产的 T-60 和 T-70 坦克优秀得多。

"玛蒂尔达"坦克

"玛蒂尔达"Mk. Ⅱ 步兵坦克是最先抵达苏联的西方援助坦克（北极船队共运载了 1084 辆，有 918 辆在经历了艰难险阻后抵达苏联）。随第一批坦克抵达的还有英国教官，他们惊讶地发现苏军坦克手不习惯使用无线电，而是宁可使用信号旗。更令人咋舌的是，他们还宁可使用炮塔中的备用手摇装置，也不愿使用液压动力系统。

苏军对"玛蒂尔达"坦克的评价褒贬不一，但其厚重的装甲（几乎与KV-1坦克的装甲厚度相当）得到了广泛肯定——一名坦克手甚至表示，他的座车在中弹87次之后仍然幸免于难。但另一方面，苏军对该坦克的机动性和火力颇为不满。"玛蒂尔达"坦克的设计从来没有考虑过苏联冬季环境，积雪很容易在履带和装甲侧裙板之间堆积起来，令坦克无法行动。而且，"玛蒂尔达"坦克外表光滑的履带，也在冰雪环境下缺乏抓地力。为解决问题，苏联部队采用了一种简单方法：把短钢条焊接到履带板上。

"玛蒂尔达"坦克更大的问题是火力不足——其2磅（40毫米）主炮与T-26和BT坦克的45毫米（1.77英寸）炮威力相当，但却没有配备高爆弹，无法对抗德军的反坦克炮。针对上述问题，英国又提供了一批装备76.2毫米（3英寸）榴弹炮的"玛蒂尔达"Ⅳ近距离支援坦克，这些坦克可以发射烟雾弹和大威力高爆弹。

1943年，大多数幸存的"玛蒂尔达"坦克已退出一线部队，但有些仍有可能

"玛蒂尔达"Mk. Ⅱ步兵坦克
1942年5月，哈尔科夫，一辆来自坦克第38旅的"玛蒂尔达"Mk. Ⅱ步兵坦克。

"玛蒂尔达"Mk. Ⅱ步兵坦克

乘员:4
重量:26.92吨
长度:5.61米（18英尺5英寸）
宽度:2.59米（8英尺6英寸）
高度:2.52米（8英尺3英寸）
发动机:2台64.8千瓦（95马力）利兰六缸柴油机

速度:26千米/时（16英里/时）
续航力:258千米（160英里）
装甲:最厚78毫米/最薄20毫米（3.07英寸/0.79英寸）
武器装备:1门40毫米（1.57英寸）2磅速射炮["玛蒂尔达"Mk. Ⅱ CS型配备了1门76.2毫米（3英寸）榴弹炮]，外加1挺7.92毫米（0.31英寸）贝莎同轴机枪。
无线电:11号无线电台

在 1945 年 8 月参加了进攻位于中国东北的日军的行动。

"瓦伦丁"坦克

在苏军装备的英式坦克中,"瓦伦丁"坦克的数量最多。首批"瓦伦丁"坦克在 1941 年抵达苏联,它们低矮的车身、出色的可靠性和优秀的战场机动性得到了苏方的高度认可。西方盟国援苏的"瓦伦丁"坦克几乎涵盖了所有子型号,其中近 2400 辆由英国生产,1388 辆由加拿大生产。为了获得更多的"瓦伦丁"坦克,1943 年,苏军甚至拒绝了新式的"克伦威尔"坦克。而英国方面为了照顾苏军的需求,也将"瓦伦丁"坦克的停产日期从 1943 年推迟到了 1944 年。

"瓦伦丁"Mk. IX 步兵坦克

后期抵达苏联的"瓦伦丁"坦克(如 Mk. IX 型)改用了 6 磅(57 毫米)炮,特别受苏军欢迎,并一直被使用到战争结束。

"瓦伦丁"Mk. IV
1942 年 5 月,哈尔科夫,一辆来自坦克第 36 旅的"瓦伦丁"Mk. IV 步兵坦克。该坦克配有可折叠的莱克曼式高射机枪支架,上面有 1 挺布伦机枪(配备了罕见的 100 发弹鼓)。

"瓦伦丁"Mk. IV 步兵坦克

乘员:3
重量:17.27 吨
长度:5.89 米(19 英尺 4 英寸)
宽度:2.64 米(8 英尺 8 英寸)
高度:2.29 米(7 英尺 6 英寸)
发动机:97.73 千瓦(131 马力)GMC 6004 型柴油机

速度:24 千米/时(14.9 英里/时)
续航力:145 千米(90 英里)
装甲:最厚 60 毫米/最薄 7 毫米(2.36 英寸/0.28 英寸)
武器装备:1 门 40 毫米(1.57 英寸)2 磅主炮,外加 1 挺 7.92 毫米(0.31 英寸)贝莎同轴机枪
无线电:11 号无线电台

"瓦伦丁" Mk. IX

安装 6 磅（57 毫米）主炮的"瓦伦丁"坦克后期型尤其受苏军欢迎，并被他们一直使用到战争结束。图中这辆坦克是"瓦伦丁" Mk. IX 步兵坦克。

"瓦伦丁" Mk. IX 步兵坦克

乘员:3
重量:18.6 吨
长度:6.32 米（20 英尺 9 英寸）
宽度:2.64 米（8 英尺 8 英寸）
高度:2.29 米（7 英尺 6 英寸）
发动机:157 千瓦（210 马力）
GMC 6004 型柴油机

速度:24 千米 / 时（14.9 英里 / 时）
续航力:225 千米（140 英里）
装甲:最厚 65 毫米 / 最薄 7 毫米（2.55 英寸 /0.28 英寸）
武器装备:1 门 57 毫米（2.24 英寸）6 磅炮
无线电:11 号无线电台

"丘吉尔" Mk. I 和 Mk. II 步兵坦克

"丘吉尔"坦克的首个生产型（"丘吉尔" Mk. I）配有一座小型铸造炮塔 [安装有 1 门 40 毫米（2 磅）主炮和 1 挺贝莎机枪]，车体驾驶席旁还有 1 门射界有限的 76.2 毫米（3 英寸）榴弹炮。但英国人很快就抛弃了这种陈旧的设计，并用另一挺贝莎机枪取代了 76.2 毫米榴弹炮——"丘吉尔" Mk. II 就此诞生了。

这些早期型车辆于 1941 年夏季加入英军，但仓促的研发工程带来了很多问题，尤其是在引擎、传动系统、履带和转向领域。该坦克的少数几个亮点之一，就是厚达 102 毫米（4 英寸）的装甲——厚度远超同期其他英国坦克的装甲。

尽管问题缠身，但在 1941 年年底，英国仍通过北极船队向苏联提供了 45 辆"丘吉尔" Mk. II，其中 26 辆安全抵达。毫不奇怪，苏军并不喜欢这些行动迟缓、可靠性差的战车，只是因为需要弥补"巴巴罗萨"行动初期的巨大损失，才勉为其难地收下了它们。

"丘吉尔" Mk. II
在装备 "丘吉尔" 系列坦克的苏军部队中，每个坦克手都必须适应严苛的日常维护工作，包括每天给坦克的 22 个负重轮上油。

"丘吉尔" Mk. III 步兵坦克

　　"丘吉尔" 坦克的早期型号让英国和苏联的坦克手们叫苦不迭，但设计者们却依然我行我素，把主要精力放在了制造新式炮塔上，以便安装 57 毫米（6 磅）主炮。更换火炮后的型号被称作 "丘吉尔" Mk. III，由于装备了拥有出色穿甲能力的主炮，其表现远远超过了之前的坦克。

"丘吉尔" Mk. III
1943—1944 年冬天，一辆苏军装备的 "丘吉尔" Mk. III 步兵坦克。1944 年，随着各近卫坦克团陆续换装 "斯大林 -2"，该型坦克逐渐退出了一线。

"丘吉尔" Mk. III 步兵坦克

乘员:5

重量:39.12 吨

长度:7.44 米（24 英尺 5 英寸）

宽度:3.25 米（10 英尺 8 英寸）

高度:2.49 米（8 英尺 2 英寸）

发动机:261 千瓦（350 马力）贝德福德 12 缸发动机

速度:24 千米 / 时（14.9 英里 / 时）

续航力:140 千米（88 英里）

装甲:最厚 102 毫米 / 最薄 16 毫米（4 英寸 /0.62 英寸）

武器装备:1 门 57 毫米（2.24 英寸）6 磅炮，1 挺 7.92 毫米（0.31 英寸）贝莎同轴机枪，外加位于车体正面的 1 挺 7.92 毫米（0.31 英寸）贝莎机枪

无线电:11 号无线电台

"丘吉尔"Mk. Ⅳ步兵坦克

"丘吉尔"的新炮塔采用了焊接设计。由于担心未来无法获得质量足够优秀的焊接钢板,工程师们又匆忙设计了铸造炮塔,以确保钢板断供之后仍能继续生产。

1943 年 7 月,库尔斯克
1 辆"丘吉尔"Mk. Ⅳ步兵坦克正从 SdKfz 232 装甲车的残骸旁驶过,该坦克来自近卫坦克第 5 集团军。

"丘吉尔"Mk. Ⅳ
1943 年 7 月 /8 月,库尔斯克前线的"丘吉尔"Mk. Ⅳ步兵坦克,该坦克隶属于近卫重型坦克第 36 团。

"丘吉尔"Mk. Ⅳ步兵坦克

乘员:5

重量:39.12 吨

长度:7.44 米(24 英尺 5 英寸)

宽度:3.25 米(10 英尺 8 英寸)

高度:2.49 米(8 英尺 2 英寸)

发动机:261 千瓦(350 马力)贝德福德 12 缸发动机

速度:24 千米 / 时(14.9 英里 / 时)

续航力:140 千米(88 英里)

装甲:最厚 102 毫米 / 最薄 16 毫米(4 英寸 /0.62 英寸)

武器装备:1 门 57 毫米(2.24 英寸)6 磅炮,1 挺 7.92 毫米(0.31 英寸)贝莎同轴机枪,外加位于车体正面的 1 挺 7.92 毫米(0.31 英寸)贝莎机枪

无线电:11 号无线电台

这种安装铸造炮塔的型号就是"丘吉尔"Mk. IV，除此之外，该坦克的其他特征几乎与"丘吉尔"Mk. III完全相同。

"俄国的坦克"

"丘吉尔"Mk. III和"丘吉尔"Mk. IV"构成了援苏'丘吉尔'坦克的主体"。这两种型号的坦克大多在1942年和1943年由北极船队送达苏联，总数可能为：

· "丘吉尔"Mk. III——提供151辆，损失24辆，运抵127辆。
· "丘吉尔"Mk. IV——提供105辆，全部安全抵达。

虽然这些坦克的性能相比"丘吉尔"Mk. II有了大幅改善，但苏军仍然对它们在冰雪环境下的可靠性和机动性颇有微词。为改善整车表现，苏军采取过许多措施（比如修改履带），但总体效果都不太好。不过，苏军仍然对这种坦克持肯定态度。一份报告写道："'丘吉尔'Mk. IV坦克的火力较弱，不如KV-1和KV-1S坦克，但防护性能更为优秀。'丘吉尔'Mk. IV坦克可以携带的机枪子弹的数量是KV系列坦克的3倍。在使用穿甲弹时，57毫米炮可以在950米外贯穿三号坦克的侧面装甲（共60毫米厚）。虽然'丘吉尔'Mk. IV坦克的功率重量比较低，最大前进速度不如KV-1和KV-1S坦克，但平均行驶速度与后两者几乎毫无区别。而且它们的战斗行程也非常接近。"

不过，出于对"瓦伦丁"系列步兵坦克的偏爱，苏军仍然叫停了"丘吉尔"坦克的运输。

苏军装备的"丘吉尔"系列坦克

"丘吉尔"Mk. II步兵坦克只有少量交付苏军，它们于何时抵达已不得而知，但"丘吉尔"Mk. III和"丘吉尔"Mk. IV的配发情况却非常明确：

· 近卫重型坦克第15团——1942年10月26日，该团在莫斯科军区以坦克第137旅为基础组建，最初隶属于近卫机械化第1军，但在1943年7月脱离该军建制，成为负责步兵支援的独立坦克团。该团在1944年2月解散，人员用于组建新成立的重型自行火炮团。

·近卫重型坦克第 36 团——1943 年 3 月在莫斯科军区组建，和其他单位不同，该团采用的是常规坦克团编制，全团一共有 31 辆"丘吉尔"坦克，而不像其他重型坦克团一样由 21 辆坦克组成。该团在 1943 年 6 月加入坦克第 18 军，并参加了在普罗霍罗夫卡（Prokhorovka）周边的战斗。在所属的近卫坦克第 5 集团军重组期间，该团不再由坦克第 18 军管辖，而是成为负责步兵支援的独立坦克团。1944 年 6 月至 7 月，该团换装"斯大林 −2"重型坦克，并在 9 月编入坦克第 9 军，随该部队战斗到战争结束。

·近卫重型坦克第 48 团——1942 年 11 月在莫斯科军区组建。1943 年 1 月，该团在第 21 集团军麾下参加了斯大林格勒附近的战斗，负责为步兵提供支援。1943 年 6 月，该团被编入近卫坦克第 5 军，之后在莫斯科军区担任苏联最高总统帅部预备队。1944 年上半年，该团换装"斯大林 −2"重型坦克，并于 9 月编入近卫机械化第 8 军，随该部队战斗到战争结束。

·近卫重型坦克第 59 团——1943 年 7 月在伏尔加军区成立，最初隶属于机械化第 9 军。详细装备情况不详，但很可能在组建时配发了"丘吉尔"坦克，之后在 1944 年成为装备"斯大林 −2"重型坦克的单位。

通用装甲运输车（Universal Carrier）

20 世纪 20 年代，"卡登—洛伊德"机枪搭载车正式列装英国陆军。该车结构简单，车顶为敞开式，并配有一部福特 T 型发动机。

对于一战结束后经费捉襟见肘的英国陆军来说，这种车辆很具有吸引力，1940 年，英国的设计人员更是以此为基础开发了"通用装甲运输车"。

通用装甲运输车及各种衍生型的产地遍及英国、加拿大、美国、澳大利亚和新西兰，其于战时的总产量高达 81700 辆（战后还生产了 31300 辆）。

在交付苏军的 2600 辆通用装甲运输车中，大部分车辆被用作装甲运兵车、侦察车和指挥车。不过苏军并不满意通用装甲运输车的战场机动性，因为它们的履带太窄，很容易陷入积雪和泥泞。

通用装甲运输车 *Mk. I*

通用装甲运输车 *Mk. I* 在武器射手位保留了博伊斯反坦克步枪，并改用 1 挺 DP 机枪充当防空武器。

通用装甲运输车 Mk. I

乘员:5
重量:3.81 吨
长度:3.65 米（12 英尺）
宽度:2.06 米（6 英尺 9 英寸）
高度:1.57 米（5 英尺 2 英寸）
发动机:63.4 千瓦（85 马力）福特 V8 发动机

速度:48 千米 / 时（30 英里 / 时）
续航力:250 千米（150 英里）
装甲:10 毫米 /7 毫米（0.39 英寸 /0.28 英寸）
武器装备:1 挺 7.7 毫米（0.303 英寸）布伦机枪;
另外，很多西方提供的车辆还配备了 1 支博伊斯
反坦克枪

英国援助的装甲车辆的武器

7.7 毫米（0.303 英寸）布伦机枪

　　布伦机枪的蓝本是捷克斯洛伐克制造的 ZGB 33 型轻机枪（后来英国获得了该枪的生产许可）。而 ZGB 33 型轻机枪则是 ZB vz.26 机枪的改进版，后者于 1935 年在英国的一系列试验中脱颖而出。布伦机枪的名字的前半部分取自 ZB vz.26 机枪的诞生地——捷克布尔诺的布尔诺国营兵工厂（Zbrojovka Brno Factory），后半部分则来自皇家轻武器工厂（Royal Small Arms Factory）的所在地——英国的恩菲尔德市。布伦机枪的独特之处在于枪身上方的弧形弹匣、喇叭状消焰器，以及可快速更换的枪管。这种优秀的武器不仅是苏军步兵的标准轻机枪，还在装甲车辆上被广泛使用。

布伦机枪

布伦机枪的剖面图，可见供弹机构和标准的 30 发弹夹。有一小部分充当防空武器的布伦机枪，配备了 100 发弹鼓。

布伦机枪不仅是通用装甲运输车的主要武器，还被安装在多种英国和加拿大生产的坦克上充当防空武器。平时，布伦机枪会被收进炮塔内部，如有需要则会被架在莱克曼（Lakeman）可收放式高射机枪支架上。

博文顿坦克博物馆的戴维·弗莱彻（David Fletcher）表示，莱克曼可收放式高射机枪支架的设计者汤姆·莱克曼（Tom Lakeman）是一名皇家坦克团的军官，这位"怪才"发明过许多奇特的机枪支架。莱克曼可收放式高射机枪支架的组件包括一组可折叠的支架和弹簧。莱克曼可收放式高射机枪支架带来的麻烦远远大于其自身价值，据说它很容易在布伦机枪开火时折断。

7.92 毫米（0.31 英寸）贝莎机枪

贝莎机枪（于 1939 年服役）是捷克 ZB-53 机枪的英国版，该机枪也曾被捷克军队采用（以 TK vz.37 型机枪的编号用于步兵部队和装甲车辆）。但在英国，贝莎机枪却是一种纯粹的车载机枪，该机枪因为可靠性强而备受一线部队好评。送往苏联的大部分英制坦克都装备了这种机枪。

博伊斯反坦克步枪

博伊斯反坦克步枪的名字源自其设计者亨利·博伊斯（Henry Boys）上尉——他在该武器获准列装前逝世（1937 年 11 月）。博伊斯反坦克步枪也是战争初期英军的标准反坦克武器，但在 1940 年之后，它已无力对抗大多数装甲目标，只能摧毁装甲车和轻型坦克。英国援助苏联的大部分通用装甲运输车似乎都配备了博伊斯反坦克步枪。

"指挥分队"
苏军通用装甲运输车的车组成员正在领取命令。值得注意的是，图中的 2 辆装甲运输车都装备了博伊斯反坦克枪。

QF 2 磅坦克炮

2 磅坦克炮设计于 1934 年，旨在替代老旧的 3 磅坦克炮。1935 年 1 月，该火炮被指定为未来英国坦克的制式火炮，并在 A9 巡洋坦克上首先服役。直到 1942 年 6 磅坦克炮问世前，它都是绝大部分英国坦克的主要武器。

1940 年，2 磅坦克炮能从容应对当时德国和意大利的装甲车辆（它们的装甲厚度一般不超过 30 毫米）。1941 年，在面对"拥有加厚装甲的德军坦克和突击炮"时，2 磅坦克炮已显得有些力不从心了。其中的部分原因在于 2 磅坦克炮只能发射实心穿甲弹，而这种炮弹极易在命中德国坦克的表面硬化装甲后崩裂。直到 1942 年 5 月，2 磅坦克炮配套的风帽被帽穿甲弹服役之后，情况才稍有改观。

1942 年，苏军利用"瓦伦丁"Mk. Ⅲ 坦克上的 2 磅坦克炮对一辆缴获的德军 38（t）坦克进行了试射。38（t）坦克拥有"25 毫米＋25 毫米厚的车体前装甲"，以及 30 毫米厚的侧面装甲。试射报告显示：

在 250 米外，2 磅坦克炮击穿了第一层 25 毫米厚的前装甲板，但未能击穿第二层前装甲板，炮弹在前装甲板上撕开了一条 250 毫米长的裂缝。在 400 米外，它只能在

"瓦伦丁"坦克

苏军坦克手对"瓦伦丁"坦克颇为欢迎，并对其低矮的轮廓、卓越的可靠性和良好的装甲防护赞赏有加。

第一层前装甲板上撞出 7 毫米深的凹痕。"瓦伦丁"坦克在 200 米左右的距离向德军坦克的炮塔正面装甲开火，炮弹在穿透目标的同时在炮塔上撕开半径 50 毫米的圆孔。在第一层前装甲板上，被击穿部位周有多道裂缝。另外，这次射击还导致前装甲板上的 5 个螺栓崩落。开火距离为 600 米时，炮弹在前装甲板上造成了一条从顶部贯穿到底部的裂缝。随后，我们又向德军坦克的侧面开火，第一发炮弹直接贯穿了炮塔。左侧弹孔射入一侧直径为 55 毫米，射出一侧直径为 70 毫米。右侧弹孔射入一侧直径为 38 毫米，射出一侧直径同样为 38 毫米。600 米外的射击同样击穿了炮塔和弹药架。

在 800 米外，"瓦伦丁"坦克仍能击穿目标的炮塔，并在炮塔上撕开了 2 条长度分别为 600 毫米和 400 毫米的裂缝。另外，这次炮击还崩飞了目标坦克上固定装甲板的 10 个螺栓。从 800 米外发射的另一发炮弹击穿了目标坦克车体侧上方的装甲，撕开了 2 条 300 毫米长的裂缝，并导致装甲崩落。

随后，"瓦伦丁"坦克再次转移到目标坦克正面，在 400 米外朝其倾斜装甲的上半部分开火。中弹后，此处装甲出现了破口（大小为 300 毫米 ×140 毫米）。在对倾斜装甲的下半部分开火期间，一块 150 毫米 ×100 毫米大的装甲碎片击穿了燃料箱。

结论：2 磅坦克炮无法击穿目标的前装甲。其主要原因是炮弹质量低劣，一旦命中就会破碎。不过，该火炮可以在 800—1000 米外击穿 30 毫米厚的侧面装甲。

这份报告遗漏了两个事实——虽然 38（t）是一种优秀的轻型坦克，但有些批次的装甲存在硬化过度的问题（会导致装甲变脆）；虽然"瓦伦丁"坦克的高硬度穿甲弹未能击穿目标的前装甲，但崩裂的碎片仍有可能杀伤坦克车组成员。

6 磅坦克炮

在 2 磅坦克炮服役后不久，英军便认识到，他们需要更强大的火炮来对抗下一代装甲车辆。最终，他们将新一代火炮的口径定为 57 毫米（2.24 英寸）——这一口径早在 1884 年便被英国皇家海军采用，而且英国国内有很多现成机具。1938 年，57 毫米炮的研究工作在伍利奇兵工厂正式启动，英军计划在 1940 年中期用该炮来汰换 2 磅坦克炮。但在敦刻尔克大撤退期间，英军损失了大量装备，再加上为了应对德军入侵，2 磅坦克炮的生产不仅没有停止，而是持续到了 1941 年年底。直到 1942 年，首批装备 6 磅坦克炮的坦克（包括"丘吉尔"Mk. Ⅲ 和 Mk. Ⅳ 步兵坦克、"瓦伦丁"Mk. Ⅸ 步兵坦克，以及"十字军战士"Mk. Ⅲ 巡洋坦克）才正式服役。1942 年年底，装备 6 磅坦克炮的"丘吉尔"坦克和"瓦伦丁"坦克被陆续运往苏联。

在一次测试中，苏军用装备 6 磅坦克炮的"丘吉尔"Mk. Ⅳ 步兵坦克射击了缴获的虎式坦克，试射报告指出：

目标：炮塔。装甲厚度：82 毫米。距离：800 米。结果：击穿。弹孔射入一侧直径 82 毫米，射出一侧直径 75 毫米。

目标：炮塔。装甲厚度：82 毫米。距离：1000 米。结果：产生了深 90 毫米、直径 90 毫米的凹陷，并导致炮塔内壁破裂，形成了 10 毫米的凸起。

目标：炮塔。装甲厚度：82 毫米。距离：1000 米。结果：产生了 120 毫米 ×80 毫米大，深 70 毫米的凹陷，炮塔内壁有凸起。

目标：车体侧面。装甲厚度：82 毫米。距离：1000 米。结果：击穿。弹孔射入一侧直径 70 毫米，射出一侧直径 115 毫米。

目标：车体侧面。装甲厚度：82 毫米。距离：625 米。结果：击穿。弹孔直径 58 毫米。

QF 3 英寸榴弹炮

配备该武器的英国和英联邦装甲车辆一般会被冠以"CS"["Close Support"（近距离支援）的缩写]编号，它们主要负责在战斗中发射烟雾弹和高爆弹。因为安装2磅坦克炮的"玛蒂尔达"坦克没有配备高爆弹，所以应苏军请求，英方也援助了一些"玛蒂尔达"CS型，以便为前者提供支援。

M3A1
冬季环境中，1辆苏军装备的M3A1坦克——与英国和美国提供的很多装甲车辆一样，该坦克也不太适应苏联的极端气候。

机械化第 5 军的"马蒂尔达"坦克

1942 年 10 月，机械化第 5 军装备了大量英国坦克——共 78 辆"马蒂尔达"Mk. II 和 117 辆"瓦伦丁"。该军只装备了 2 辆苏联制造的 T-34 坦克。

美国援助的装甲车辆

美国向苏联提供的物资数量极为庞大，共有 12000 辆装甲车辆（其中有 7000 辆坦克）、427284 辆卡车和 35170 辆摩托车——在运输和后勤保障领域，后两种"软皮"车辆所起的作用尤其关键。

M3 轻型坦克

M3 轻型坦克可以被视为 M2 轻型坦克的改进版，其装甲、悬挂系统和火炮后座机构均有所改进。该坦克从 1941 年 2 月开始装备美国陆军，并在 1942 年春天被运抵苏联。其间，苏联人似乎从没有考虑使用英军为 M3 轻型坦克起的绰号——"斯图亚特"，而是基于本国的命名习惯，直接使用了"M3l 坦克"或"M3 轻型坦克"这样的名字。

苏军非常欣赏 M3 轻型坦克 37 毫米（1.46 英寸）主炮的穿甲能力，并认为该炮比英国的 2 磅坦克炮和自己的 45 毫米（1.77 英寸）坦克炮更好。但另一方面，他们也认为 M3 轻型坦克过高的车体容易暴露目标，而橡胶履带垫在积雪或泥泞环境中也存在抓地力不足的问题。为了提高 M3 轻型坦克的越野性能，苏军自行在该坦克的履带板上焊接了一些"防滑钉"。

苏军对后续抵达的 M3A1 同样不满意，他们认为新安装的炮塔吊篮和自动旋转机构让坦克内部变得更加拥挤。按照估计，苏军一共接收了 1240 辆 M3 或 M3A1 轻型坦克，但拒绝了美方提供 M5 轻型坦克的提议，因为他们希望获得更多的 M4 中型坦克。

M3 轻型坦克
早期型 M3 轻型坦克在车体两侧安装有机枪，但苏军认为，这些机枪缺乏瞄准具，几乎毫无用处。

M3

乘员：4
重量：12.9 吨
长度：4.53 米（14 英尺 10 英寸）
宽度：2.24 米（7 英尺 4 英寸）
高度：2.64 米（8 英尺 8 英寸）
发动机：186.4 千瓦（250 马力）
大陆 W-670-9A 型星型发动机

速度：58 千米 / 时（36 英里 / 时）
续航力：110 千米（70 英里）
装甲：最厚 44 毫米 / 最薄 10 毫米（1.73 英寸 /0.39 英寸）
武器装备：1 门 37 毫米（1.45 英寸）主炮，外加 3 挺 7.62 毫米（0.3 英寸）勃朗宁机枪（1 挺高射机枪，1 挺同轴机枪，1 挺在车体侧面）

M3A1 轻型坦克

即使按照苏军的标准来看，M3A1 轻型坦克的车内空间也并不宽裕，但该坦克的装甲要比 M3 轻型坦克厚一些。

M3A1

乘员:4

重量:12.9 吨

长度:4.53 米（14 英尺 10 英寸）

宽度:2.24 米（7 英尺 4 英寸）

高度:2.42 米（7 英尺 10 英寸）

发动机:186.4 千瓦（250 马力）大陆 W-670-9A 型星型发动机

速度:58 千米 / 时（36 英里 / 时）

续航力:217 千米（135 英里）

装甲:最厚51 毫米/最薄 13 毫米（2 英寸/0.5 英寸）

武器装备:1 门 37 毫米（1.46 英寸）主炮，外加 3 挺 7.62 毫米（0.3 英寸）勃朗宁机枪（1 挺高射机枪、1 挺同轴机枪，还有 1 挺机枪在车体侧面）

M3 中型坦克

从 1941 年年底到 1943 年，美国一共向苏联提供了 1386 辆 M3 中型坦克，其中 410 辆在运输期间损失。但与很多其他西方坦克一样，苏军对这种战车并不满意。一份报告指出："车体的尺寸和设计都过时了。坦克车体过高，除了正面倾斜装甲，其他部位的抗弹性能都不好。坦克容纳 7 名乘员绰绰有余，还可以在夏季额外搭载 10 名冲锋枪手。在搭载步兵时，所有坦克炮都能正常开火，10 名步兵从侧门下车只需要 25—30 秒。"

在坦克里塞满步兵无疑是个奇怪的想法——苏军之所以如此执着，也许是因为 M3 中型坦克车体太高，而且引擎盖斜角较大，很难容纳苏军的"坦克骑手"。报告显示，该坦克能在装满步兵时正常开火，但这似乎仅限于在实验状态下，而非战斗中。作战时，装弹手只能咒骂着推开步兵，才能勉强从弹药架上拿到弹药。

1943 年 1 月的一份报告进一步批评了该坦克的设计，其中提到，如果坦克进入半埋式掩体，75 毫米（2.95 英寸）坦克炮和车体机枪将无法使用，只有炮塔内的 37 毫米（1.46 英寸）炮和机枪可以正常射击。

坦克的车体高度也是一个大问题，这会让坦克沦为敌方反坦克炮的靶子，而且就像 M3 轻型坦克一样，M3 中型坦克也会在中弹后剧烈燃烧。

M3 中型坦克
由于 M3 中型坦克的脆弱性，苏军将其称为"七兄弟的坟墓"。

M3 中型坦克

乘员:7
重量:27.9 吨
长度:5.64 米（18 英尺 6 英寸）
宽度:2.72 米（8 英尺 11 英寸）
高度:3.12 米（10 英尺 3 英寸）
发动机:298 千瓦（400 马力）莱特（大陆）R975 EC2 型星型发动机
速度:39 千米 / 时（24 英里 / 时）

续航力:190 千米（120 英里）
装甲:最厚 51 毫米 / 最薄 13 毫米（2 英寸 /0.5 英寸）
武器装备:1 门 75 毫米（2.95 英寸）M2 型或 M3 型主炮（位于车体内，射界有限），1 门 37 毫米（1.46 英寸）副炮（位于炮塔内），4 挺 7.62 毫米（0.3 英寸）勃朗宁机枪（1 挺位于指挥塔内，1 挺同轴机枪，2 挺位于车体正面）

随着 1943 年中期，苏军 T-34 坦克的月产量达到近 1500 辆，M3 中型坦克逐渐退出一线，只会在次要战场偶尔亮相，例如 1944 年 10 月的佩萨莫（Petsamo）—基尔克内斯（Kirkenes）战略进攻行动。

M4"谢尔曼"中型坦克

在西里尔字母中，"4"的发音是"che"或"cha"，因此苏军经常将 M4"谢尔曼"坦克称为"Emcha"。在谈判中，苏方特意要求美国提供柴油动力的 M4"谢尔曼"坦克，原因之一是大部分苏军坦克都使用柴油机，此类车型可以减少后勤负担。

M4A2"谢尔曼"中型坦克
1944—1945 年冬季，爱沙尼亚北部的纳尔瓦地区，苏军使用的 M4A2"谢尔曼"中型坦克。[1]

M4A2"谢尔曼"中型坦克

乘员:5
重量:31.8 吨
长度:5.92 米（19 英尺 5 英寸）
宽度:2.62 米（8 英尺 7 英寸）
高度:2.74 米（9 英尺）
发动机:280 千瓦（375 马力）通用汽车 6046 型柴油机

速度:48 千米 / 时（30 英里 / 时）
续航力:240 千米（150 英里）
装甲:最厚 108 毫米 / 最薄 13 毫米（4.25 英寸 /0.5 英寸）
武器装备:1 门 75 毫米（2.95 英寸）M3 型主炮，1 挺 12.7 毫米（0.5 英寸）高射机枪，2 挺 7.62 毫米（0.3 英寸）勃朗宁机枪（1 挺同轴机枪，1 挺位于车体前部）

---

① 译者注：原文如此，这里的时间应为 1943—1944 年冬季。

M4A2 76（W）"谢尔曼"

1945 年 5 月，近卫坦克第 2 集团军下辖的机械化第 1 军（此时该军位于柏林）列装的 M4A2 76（W）"谢尔曼"。

M4A2 76（W）"谢尔曼"

乘员:5
重量:33.3 吨
长度:6.3 米（18 英尺 6 英寸）
宽度:2.62 米（8 英尺 7 英寸）
高度:2.97 米（9 英尺 9 英寸）
发动机:280 千瓦（375 马力）通用汽车 6046 型柴油机

速度:48 千米 / 时（30 英里 / 时）
续航力:161 千米（100 英里）
装甲:最厚 108 毫米 / 最薄 13 毫米（4.25 英寸 /0.5 英寸）
武器装备:1 挺 76.2 毫米（3 英寸）M1A2 型主炮，1 挺 12.7 毫米（0.5 英寸）高射机枪和 2 挺 7.62 毫米（0.3 英寸）勃朗宁机枪（1 挺同轴机枪，1 挺位于车体前部）

而且苏联的汽油辛烷值过低，不适合专烧高辛烷值燃料的美制汽油机。另外，柴油还可以降低坦克中弹燃烧的风险（尽管战后分析表明，弹药殉爆才是威胁车组安全的最大因素）。1942 年年底，第一批 M4A2 "谢尔曼"中型坦克被运抵苏联，苏军认为它们比 M3 中型坦克更优秀，而且起火率比 T-34 更低。为保护弹药架，这些坦克大多在出厂时安装了侧面附加装甲。这些坦克均配备了 75 毫米（2.95 英寸）炮，总数为 2007 辆。后续抵达的 2095 辆 M4A2 "谢尔曼"中型坦克装备了威力更大的 76.2 毫米（3 英寸）炮，它们被称为 "M4A2 76（W）"。

由于采用了湿式弹药架（即型号中"W"的含义），这 2095 辆 M4A2 76（W）坦克的战场生存能力有了质的飞跃。与传统弹药架不同，湿式弹药架有两层，两层之间的部分被水填满，而且水中添加了乙二醇（以防止冻结）和一种名为 "Ammudamp" 的防锈剂。如果弹药架被击穿，填充水还可以起到灭火的作用。

除了湿式弹药架，M4A2 76（W）坦克还将大部分弹药从车体侧面转移到了炮塔下方的弹药箱内，从而减少了车辆起火的概率。其中 6 发炮弹位于炮塔内的备弹架上，备弹架周围有 7.9 升（1.74 加仑）的水。在该坦克的传动轴两侧还各有 1 个弹药箱（分别装有 30 发和 35 发炮弹），弹药箱周围有 131 升（28.8 加仑）的水。

安装 76.2 毫米（3 英寸）炮的 M4A2 76（W）坦克于 1944 年夏末抵达苏联。苏军对它们的评价很高，并将其提供给了某些精锐部队，尤其是近卫机械化第 1 军、近卫机械化第 3 军和近卫机械化第 9 军。

SU-57 自行火炮

"SU-57" 是苏军赋予 T48 火炮运载车的代号。SU-57 自行火炮使用了美制 M3 半履带车的底盘，配有 1 门 57 毫米（2.24 英寸）M1 反坦克炮——英国 6 磅反坦克炮的美国仿制版。苏军共有 650 辆 SU-57 自行火炮，它们被编为多个坦克歼击车旅[1]，每个旅下辖 3 个营，每个营有 20 辆 SU-57 自行火炮。

SU-57 自行火炮
SU-57 自行火炮，1943 年 10 月，下第聂伯河攻势期间，来自第 16 独立坦克歼击车旅。[2]

SU-57

乘员：5	发动机：95 千瓦（128 马力）怀特 160AX 型发动机
重量：8.6 吨	速度：72 千米 / 时（45 英里 / 时）
长度：6.42 米（21 英尺）	续航力：320 千米（200 英里）
宽度：1.95 米（6 英尺 5 英寸）	装甲：最厚 16 毫米 / 最薄 6.4 毫米（0.62 英寸 /0.25 英寸）
高度：2.29 米（7 英尺 6 英寸）	武器装备：1 门 57 毫米（2.24 英寸）M1 型火炮

---

① 译者注：原文如此。实际上，在苏军中，装备 SU-57 的旅被称为"轻型自行火炮旅"。
② 译者注：应为独立轻型自行火炮第 16 旅。

M15A1 组合式自行高射炮

该自行高射炮起源于 T1A2 多管自行高射炮（Multiple Gun Motor Carriage，MGMC），后者采用 M2 半履带车底盘，并配备了 1 门 37 毫米（1.46 英寸）高射炮。T1A2 多管自行高射炮只生产了 1 辆原型车（后来改称 T28）——由于车体无法承受开火时的后坐力，该车未能通过验收，其项目在 1942 年被终止。

为满足北非战场的需要，美军重新提出了机动式自行高射炮的需求，设计师们迅速拿出了一份基于 M3 半履带车底盘的新计划，即 "T28E1"。原型车配有 1 门 37 毫米（1.46 英寸）高射炮和 2 挺 12.7 毫米（0.5 英寸）M2 勃朗宁水冷式机枪，一共生产了 80 辆。其衍生型被称为 M15——武器配置与 T28E1 相同，但配有装甲炮座。

因为 M3 底盘无法承受火炮和装甲的重量，所以美国只生产了 680 辆 M15。之后，M15 便被其改进型——M15A1 所取代。M15A1 配有 1 门 37 毫米（1.46 英寸）高射炮和 2 挺气冷式 12.7 毫米（0.5 英寸）M2HB 勃朗宁机枪，并减轻了炮座装甲重量。1943 年和 1944 年间，美国共生产了 1652 辆 M15A1，其中 100 辆被提供给了苏军。

M15A1 组合式自行高射炮
M15A1 组合式自行高射炮可携带 200 发 37 毫米炮弹，以及 1200 发供双联装勃朗宁机枪使用的机枪子弹。

M15A1 组合式自行高射炮

乘员:7
重量:9 吨
长度:6.42 米（21 英尺 1 英寸）
宽度:2.5 米（8 英尺 2 英寸）
高度:2.64 米（8 英尺 8 英寸）
发动机:110 千瓦（148 马力）怀特 160AX 发动机

速度:72 千米 / 时（45 英里 / 时）
续航力:320 千米（200 英里）
装甲:最厚 16 毫米 / 最薄 6.4 毫米（0.62 英寸 /0.25 英寸）
武器备装:1 门 37 毫米（1.46 英寸）M1 高射炮，外加 2 挺 12.7 毫米（0.5 英寸）勃朗宁机枪

M17 多管自行高射机枪

　　M17 多管自行高射机枪是由 M5 半履带车和 M45 四联装高射机枪塔组成的——后者由 W.L. 马克森公司（W.L. Maxon Corporation）研发，可满足美国陆军对轻型高射武器的需求。该机枪塔的原型配有 2 挺 12.7 毫米（0.5 英寸）M2HB 勃朗宁机枪，在试验成功之后便以 M33 的代号列装部队。测试数据表明，该机枪塔完全具备容纳 4 挺 M2HB 勃朗宁机枪的能力，而这种强化方案的产物就是 M45 机枪塔。M45 机枪塔曾被安装在很多种车辆上，包括以 M5 半履带车为底盘的 M17 多管自行高射机枪。M17 多管自行高射机枪于 1943 年 12 月正式服役，有 1000 辆被提供给了苏军。

M17 多管自行高射机枪
M15A1 自行高射炮上配备的 M54 炮塔为人力操作式，而 M17 多管自行高射机枪配备的 M45 四联装高射机枪塔则可以在动力辅助下旋转和俯仰，极大提升了防空能力。

M17 多管自行高射机枪

重量：8.94 吨
长度：6.49 米（21 英尺 4 英寸）
宽度：1.95 米（6 英尺 5 英寸）
高度：2.29 米（7 英尺 6 英寸）
发动机：国际收割机公司生产的 95 千瓦（128 马力）RED-450-B 型发动机

速度：68 千米 / 时（42 英里 / 时）
续航力：320 千米（200 英里）
装甲：最厚 16 毫米 / 最薄 6.4 毫米（0.62 英寸 /0.25 英寸）
武器装备：4 挺 12.7 毫米（0.5 英寸）勃朗宁机枪

M2 半履带装甲车

　　M2 半履带装甲车是美国陆军最早列装的半履带装甲车，它曾在西方盟国大量服役。M2 半履带装甲车的设计源自 20 世纪 30 年代从美国军械部门评估中胜出的法国的雪铁龙—凯格雷斯（Citroën-Kégresse）半履带车。不过，与原始设计不同的是，

M2 半履带装甲车

M2 半履带装甲车的 2 挺机枪被安装在车体边缘的滑轨上，可以进行全方向射击。

M2 半履带装甲车

乘员:2 人，另可搭载 7 名步兵
重量:8.7 吨
长度:5.96 米（19 英尺 7 英寸）
宽度:2.23 米（7 英尺 3 英寸）
高度:2.26 米（7 英尺 5 英寸）
发动机:110 千瓦（148 马力）怀特 160AX 型发动机

速度:72 千米 / 时（45 英里 / 时）
续航力:350 千米（220 英里）
装甲: 最厚 12 毫米 / 最薄 6 毫米（0.47 英寸 /0.25 英寸）
武器装备: 1挺12.7毫米（0.5 英寸）勃朗宁机枪，外加 1 挺 7.62 毫米（0.3 英寸）勃朗宁机枪

M2 半履带装甲车大量采用了美国卡车的部件（可降低成本和加快生产速度）。

M2 半履带装甲车的车体取自 M3 装甲侦察车，但局部有所改进。M2 半履带装甲车后部的提姆肯（Timken）转向架总成移植自福特公司推出的马蒙—赫林顿（Marmon-Herrington）T9 半履带卡车。M2 半履带装甲车的原型车一度存在动力不足的问题，直到换装了怀特 160AX 发动机后该问题才得到解决。大约有 800 辆 M2 半履带装甲车被运往苏联，苏军用它们充当炮兵牵引车、指挥车和侦察车。

M3A1 侦察车

1937 年，怀特汽车公司（White Motor Company）开始研究 T9/M2 侦察车的替代品，该车就是只生产了 64 辆的 M3。之后，M3 的放大版——M3A1——从 1940 年开始被大量生产。

1940 年至 1944 年，美国共生产了近 21000 辆这种 4 轮驱动侦察车及其衍生车型，其中 3300 辆被交付苏军，并被苏军当成指挥车、人员运输车和联络车一直使用到 1947 年。另外，M3A1 侦察车及其衍生车型还可能影响了 BTR-40 装甲运兵车的设计。

站岗
这辆 M3A1 侦察车上的机枪手正在掩护分队其他车辆前进。

M3A1 侦察车
这辆 M3A1 侦察车是近卫坦克第 5 集团军司令帕维尔·罗特米斯特罗夫（Pavel Rotmistrov）将军的指挥车。

M3A1 侦察车

乘员:2 人，另可搭载 6 名步兵
重量:5.62 吨
长度:5.626 米（18 英尺 5 英寸）
宽度:2 米（6 英尺 8 英寸）
高度:1.99 米（6 英尺 6 英寸）
发动机:82 千瓦（110 马力）赫拉克利斯（Hercules）JXD 型发动机

速度:80 千米 / 时（50 英里 / 时）
续航力:400 千米（250 英里）
装甲:最厚 13 毫米 / 最薄 6 毫米（0.5 英寸 /0.25 英寸）
武器装备:1 挺 12.7 毫米（0.5 英寸）勃朗宁机枪，外加 1 挺 7.62 毫米（0.3 英寸）勃朗宁机枪

美国援助的装甲车辆的武器

7.62 毫米（0.3 英寸）勃朗宁 M1919 机枪

M1919 机枪是勃朗宁 M1917 水冷式机枪的气冷型号。它以高可靠性而著称，并被安装在几乎所有美国援助的装甲车辆上，例如充当车体机枪、同轴机枪或枢轴固定式机枪。

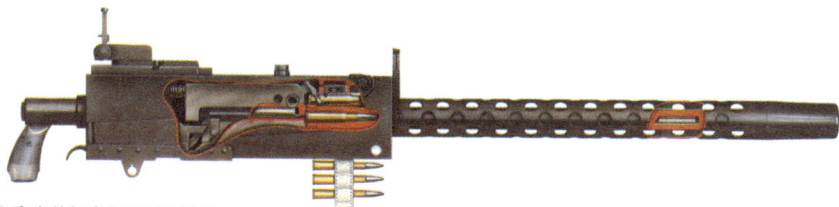

7.62 毫米勃朗宁 M1919 机枪
勃朗宁 M1919 机枪的射速为 400——600 发／分，有效射程为 1400 米（1500 码）。

12.7 毫米（0.5 英寸）勃朗宁 M2HB 重机枪

和 M1919 机枪一样，M2HB 重机枪的蓝本也是一种水冷式机枪（M1921 重机枪）。M2HB 重机枪主要由地面部队使用，其编号中的"HB"指的是"重型枪管"——这种枪管能确保武器可以连续安全发射。在美国援助的坦克上，该机枪主要被用于充当防空机枪。另外，M2HB 重机枪还是美制半履带装甲车的主要武器。

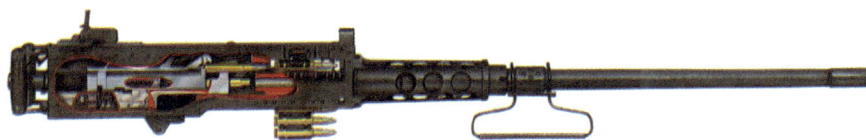

12.7 毫米勃朗宁 M2HB 重机枪
勃朗宁 M2HB 重机枪最初生产于 20 世纪 30 年代，其改进版至今仍被世界各地的许多军队使用。

37 毫米（1.46 英寸）M6 坦克炮

M6 反坦克炮是 37 毫米（1.46 英寸）M3 反坦克炮的改进型，分别在美制 M3 轻型坦克和 M3 中型坦克上充当主炮和副炮，穿甲能力与其他 37 毫米（1.46 英寸）和 40 毫米（1.57 英寸）坦克炮大致接近，但用途相对更广（能发射高爆弹和榴霰弹）。

75 毫米（2.95 英寸）M2/M3 坦克炮

M2/M3 坦克炮源自法军在一战期间使用的 75 毫米 1897 型加农炮，后者同样在美军中广泛装备，并被命名为"75 毫米（2.95 英寸）M1897 型野战炮"一直使用到二战期间。

M2/M3 坦克炮火炮不仅可以使用法国野战炮的部分弹药，还可以发射苏军研制的许多新式炮弹，如 M72 穿甲弹、M61/A1 风帽被帽穿甲弹与高爆弹、M48 高爆弹、M64 白磷弹和 M89 六氯乙烷（hexachloroethane，HC）烟雾弹等。虽然 M2/M3 坦克炮的反坦克能力不佳，但它在使用高爆弹和支援步兵作战时仍不失为一种优秀的武器。

76.2 毫米（3 英寸）M1 坦克炮

早在 75 毫米（2.95 英寸）M2/M3 坦克炮服役之前，美军便意识到了这种武器的不足。

在 1941 年 9 月发布的 M4 中型坦克的技术规范中，美军明确要求该坦克应该为换装其他火炮留有余地——其中就包括了高初速的 76.2 毫米（3 英寸）炮。1942 年 8 月，76.2 毫米 M1 坦克炮设计完成，但有关方面又花了 1 年时间才开发出能与 M4 坦克完美配套的炮塔。

另外，美军前线部队还指出了一系列曾在试验场上发生过的问题，尤其是 M1 坦克炮的炮口暴风容易激起尘土——这会导致坦克暴露自己，并影响士兵对炮弹落点的观测。为解决这一问题，后续生产的 M1 坦克炮都安装了炮口制退器，这些改良型坦克炮被称为 M1A1C 和 M1A2。

37 毫米（1.46 英寸）M1 高射炮

M1 高射炮的设计开始于 1921 年，但 20 世纪 20 年代末期的财政危机，令相关工作直到 1934 年才重新启动。1938 年，M1 高射炮正式装备美国陆军。M1 高射炮的总产量接近 7300 门。后来，M1 高射炮逐渐被 40 毫米（1.57 英寸）高射炮所取代。

M1 高射炮也是 M15A1 组合式自行高射炮的主要武器。在战争期间，美国曾向苏联提供了 100 辆 M15A1 组合式自行高射炮。

公路上的 SU—57
1944 年夏天，坦克第 6 集团军摩托车第 4 团反坦克连的 SU—57 正从罗马尼亚穿过。

西方盟国援助的军用飞机

许多苏方资料都对西方盟国援助的飞机持批评态度，并宣称这些飞机性能不佳，远不如同期的本国产品。虽然这种观点部分源自宣传需要，但不容否认的是，这些西方盟国援助的飞机确实对东线的作战环境"水土不服"。英国和美国飞机天生离不开配套设施齐备的机场，但苏联只有简易的跑道，且冬季和夏季的气候也极端恶劣。此外，苏联空军使用的低辛烷值燃料也让这些飞机"举步维艰"。

苏联人最终不情愿地承认了燃油问题，并不断请求西方盟国运送高辛烷值航空燃料。最终，有 1197587 吨燃料被运往苏联，其中 558428 吨为"99 号以上的燃料"。

西方盟国援助苏联的飞机的部分数据如下：

霍克"飓风"——2897 架

休泼马林"喷火"——1338 架

汉得利－佩季"汉普登"——32 架

贝尔 P—39"空中眼镜蛇"——4700 架

贝尔 P—63 "眼镜王蛇"——2397 架

柯蒂斯 P—40——2100 架

A—20 "波士顿"——3000 架

B—25 "米切尔"——862 架

霍克 "飓风" 系列战斗机

霍克 "飓风" 战斗机曾在 "不列颠之战" 中立下过汗马功劳,但一个不争的事实是,即使在当时,它们也已很难与德军的梅塞施密特 Bf 109E 对抗。虽然更强大的 "飓风" Ⅱ 曾一度扭转了劣势,但它的各方面性能均不及 1940 年 10 月入役的梅塞施密特 Bf 109F。

"飓风" Ⅱ 和其各种后续机型被持续生产到 1944 年,其中很多被运往苏联,详细情况为:

· 218 架 "飓风" Ⅱ A,22 架在运输期间损失。

· 1884 架 "飓风" Ⅱ B,278 架在运输期间损失。

· 1182 架 "飓风" Ⅱ C,46 架在运输期间损失,另有 117 架被苏军拒收。

· 60 架 "飓风" Ⅱ D,14 架被苏军拒收。

· 30 架 "飓风" Ⅳ。

综上所述,英国共提供了 3374 架 "飓风" Ⅱ 和其各种后续机型,其中 346 架在交付前损失,2897 架被苏军接收,另有 131 架遭到拒收。

首批 "飓风" Ⅱ B 在 1941 年 9 月抵达苏联,并由驻扎在摩尔曼斯克附近瓦延加(Vayenga)的英国皇家空军第 151 联队接收。该联队的任务是帮助苏军飞行员和地勤人员熟悉 "飓风" Ⅱ 系列战斗机。此外,该联队还在 10 月之前承担过一段保护轰炸机的任务。随后,该联队带着一种复杂的感情,将自己的战机移交给了苏军。

许多苏军部队认为 "飓风" Ⅱ B 的 12 挺 7.7 毫米(0.303 英寸)勃朗宁机枪威力不足,并换装了 2 门 20 毫米(0.79 英寸)ShVAK 航炮和 2 挺 12.7 毫米(0.5 英寸)UB 机枪。

安装机枪的幸存的 "飓风"(约 1200 架)系列战机后来都被改为对地攻击

"深冬时节"

一架被运往瓦延加的"飓风"战斗机。在冬季，苏联北部的平均气温低达零下 14 摄氏度（7 华氏度）。"为免遭严寒侵袭"，该机的发动机被罩子紧紧包裹了起来。

迫降

1942 年 4 月，歼击航空兵第 609 团的 1 架"飓风"IIB 战斗机在芬兰境内东卡累利阿地区的季克绍维（Tiikšenjärvi）机场迫降。

"飓风"ⅡB战斗机

1941 年 9 月和 10 月，皇家空军第 151 联队使用的 1 架 "飓风" ⅡB 战斗机。皇家空军第 151 联队当时驻扎在摩尔曼斯克附近的瓦延加基地。后来，这架战斗机被移交给苏联空军的混合航空兵第 72 团。

"飓风"ⅡB 战斗机

机种:单座战斗轰炸机
长度:9.84 米（32 英尺 3 英寸）
翼展:12.19 米（40 英尺）
高度:4 米（13 英尺 1.5 英寸）
机翼面积:23.92 平方米（257.5 平方英尺）
空重:不详
一般起飞重量:3480 千克（7670 磅）
最大起飞重量:3950 千克（8710 磅）

动力系统:1 台罗尔斯 - 罗伊斯 "梅林" XX 型液冷 V-12 发动机,功率 883 千瓦（1185 马力）
最大速度:547 千米 / 时（340 英里 / 时）
航程:965 千米（600 英里）
实用升限:10970 米（36000 英尺）
爬升率:14.1 米 / 秒（2780 英尺 / 分钟）
翼载:121.9 千克 / 平方米（29.8 磅 / 平方英尺）
武器装备:12 挺 7.7 毫米（0.303 英寸）勃朗宁机枪

机，并装备了 4 门 20 毫米（0.79 英寸）ShVAK 航炮、2 挺 7.7 毫米（0.303 英寸）ShKAS 机枪和 6 枚 RS-82 型火箭弹。上述武器不仅加强了这些战机的火力，还缓解了后勤压力，让苏联人不用再依靠从英国运来的备用机枪和零件。

不过，苏军对 "飓风" Ⅱ C 的火力较为满意，因为该机装备了 4 门 20 毫米（0.79英寸）西斯帕诺航炮——火力投送量是雅克 -3 战斗机 [装备了 1 门 20 毫米（0.79 英寸）ShVAK 航炮和 2 挺 12.7 毫米（0.5 英寸）机枪] 的两倍。

休泼马林 "喷火" 系列战斗机

1942 年 10 月，斯大林专门给丘吉尔写信，希望尽快获得 "喷火" 战斗机。首批 "喷火" VB 战斗机在 1943 年春天抵达苏联，但负责接收的苏军却颇为失望——因为许多战机曾在皇家空军中长期服役，虽然 "已经翻新"，但 "磨损仍十分严重"。

直到全新的 "喷火" VB 战斗机被运抵苏联，苏联飞行员才不再恼怒。"喷火" VB

"喷火" IX
由列宁格勒第 1 飞机制造厂改装的 "喷火" IX 双座教练机，1945 年。

"喷火" IX 战斗机

机种:单座战斗机
长度:9.47 米（31 英尺 1 英寸）
翼展:9.9 米（32 英尺 6 英寸）
高度:3.86 米（12 英尺 8 英寸）
机翼面积:21.46 平方米（231 平方英尺）
空重:2309 千克（5090 磅）
一般起飞重量:3354 千克（7400 磅）
最大起飞重量:3950 千克（8710 磅）
动力系统:1 台罗尔斯 - 罗伊斯 "梅林" 66 型液冷 V-12 发动机，功率 1283 千瓦（1720 马力）

最大速度:650 千米 / 时（404 英里 / 时）
航程:698 千米（434 英里）
实用升限:12954 米（42500 英尺）
爬升率:24.1 米 / 秒（4745 英尺 / 分钟）
翼载:149 千克 / 平方米（30.6 磅 / 平方英尺）
武器装备:2 门 20 毫米（0.79 英寸）西斯帕诺 Mk. II 航炮（备弹 120 发），2 挺 12.7 毫米（0.5 英寸）勃朗宁 M2 机枪（备弹 250 发），外加最多 2 枚 110 千克（250 磅）重的炸弹和 1 枚 230 千克（500 磅）重的炸弹

战斗机的性能和火力都可圈可点，但苏联飞行员却不习惯使用翼载武器：之前，所有苏军战斗机的武器都位于机首，直接对准目标就可以开火，而且不需要地勤人员进行调整。但 "喷火" 系列战斗机搭载的武器却与苏军战斗机有较大的不同，需要各单位的军械人员仔细调试，否则苏联飞行员将很难在正常空战距离击中目标。

在战争期间，一共有 143 架 "喷火" VB 战斗机和 1183 架更为优秀的 "喷火" IX 战斗机被运往苏联。但苏联空军发现，这些战斗机很难在前线的草地机场上起降，它们的着陆轮很窄，在凹凸不平的地面滑行时很容易发生事故。不仅如此，前线部队还经常把 "喷火" 系列战斗机与德军的 Bf 109 搞混，误击现象屡见不鲜。

"喷火" 系列战斗机出现的另一些问题可能与 "梅林" 发动机有关，该发动机无法使用苏联的低辛烷值燃料。直到 1944 年夏季（"巴格拉季昂" 行动前夕），斯大林亲自出面请求西方盟国提供援助之后，苏联空军才解决了这些问题。最终，大部分 "喷火" 战斗机都被编入国土防空军（拥有设备完善的机场，能更好地维护这种战机）。

汉得利－佩季"汉普登"系列轰炸机

在 PQ17 北极船队覆灭之后，盟军意识到，必须为下一支船队（PQ18 船队）提供空中支援。为此，他们计划在摩尔曼斯克附近的基地里部署 32 架"汉普登"轰炸机，以防止德军出动大型水面舰艇。1942 年 9 月，英国皇家空军第 144 中队和澳大利亚皇家空军第 445 中队奉命前往摩尔曼斯克附近的瓦延加空军基地，但这两个中队在转移途中损失了 7 架"汉普登"轰炸机（另有 2 架受损）。在瓦延加空军基地，这两个中队执行了多次任务，但均没有发现德军舰艇。10 月，他们在把飞机移交给苏军之后返回英国。

"汉普登" T.B.Mk. I 轰炸机
1942 年，北方舰队水鱼雷轰炸航空兵第 24 团（当时该团驻扎在瓦延加空军基地）列装的"汉普登"T.B.Mk. I 轰炸机。

"汉普登" T. B. Mk. I 轰炸机

机种：四座鱼雷轰炸机
长度：16.32 米（53 英尺 7 英寸）
翼展：21.09 米（69 英尺 2 英寸）
高度：4.55 米（14 英尺 11 英寸）
机翼面积：62.1 平方米（668 平方英尺）
空重：5789 千克（12764 磅）
一般起飞重量：不详
最大起飞重量：10206 千克（22500 磅）
动力系统：2 台布里斯托尔飞马 XVIII 型 9 缸星型发动机，每台功率 754 千瓦（1000 马力）

最大速度：397 千米／时（247 英里／时）
航程：2768 千米（1720 英里）
实用升限：5790 米（19000 英尺）
爬升率：4.98 米／秒（980 英尺／分钟）
翼载：不详
武器装备：1 挺 7.7 毫米（0.303 英寸）勃朗宁固定式机枪，5 挺 7.7 毫米（0.303 英寸）维克斯 K 活动式机枪（机头 1 挺，机背和机腹各 2 挺），外加 1 枚 457 毫米（18 英寸）Mark XII 鱼雷和最多 2 枚 230 千克（500 磅）重的炸弹

有迹象显示，苏联海军航空兵接收了大约 20 架"汉普登"轰炸机，并对这些轰炸机进行了一些改进，以携带苏制 45-36N 型鱼雷。在某些飞机上，苏军还用人力操纵的 UTK-1 型机枪塔（配有 1 挺 12.7 毫米机枪）替换了敞开式战位。

由于"汉普登"轰炸机的独特外形，苏联海军飞行员将它们戏称为"巴拉莱卡"。①1942 年 12 月，苏联海军飞行员开始驾驶"汉普登"轰炸机攻击挪威沿海的德国舰船。面对德军的高射炮和战斗机，"汉普登"轰炸机的损失越来越大。最终，"汉普登"轰炸机在 1943 年 4 月逐步退役，被道格拉斯 A-20G 鱼雷轰炸机所取代。

柯蒂斯 P-40"战鹰"（又名"战斧"或"小鹰"）战斗机

在苏军中，各种 P-40 战斗机往往被称为"战斧"（一般指 P-40B 和 P-40C）和"小鹰"（指 P-40D 和所有后续机型）。在 1941 年至 1944 年间，美国共提供了 247 架 P-40B 和 P-40C，以及 2178 架 P-40E、P-40K、P-40L 和 P-40N。

有一些资料显示，苏军认为早期的 P-40B 和 P-40C 不如本国生产的、"使用 M-105P 引擎的战斗机"，尤其是在"速度和爬升率"方面。但他们也赞扬了 P-40B 和 P-40C 的优点，例如起降距离短、机动性强、航程远和生存性良好。为提高早期型 P-40 的性能，许多苏联空军单位进行了减重改进，即拆下机翼上的所有机枪，只保留位于机首的 2 挺 12.7 毫米机枪。苏军飞行员"最喜欢 P-40 的航程"，因为在这方面，它们胜过大多数苏军战斗机。但苏军飞行员仍然认为 P-40 系列战斗机不如 P-39，有一名飞行员回忆说："P-40 的座舱侧壁很低，玻璃舱盖低到腰部位置，让人感到很不自在。但它的防弹玻璃和装甲座椅都很坚固，座舱视野也很棒。"

对于 P-40 系列战斗机，苏联飞行员们的主要不满在于其爬升速度缓慢，而且机械系统非常"娇贵"。为了获得胜利，苏联飞行员经常在与敌方战斗机进行格斗时开启"战斗紧急加力"模式。虽然这会让 P-40 系列战斗机拥有与德军战斗机类似的加速性能和速度，但用不了几周，发动机就会报废。

此外，苏联的低品质燃料和润滑油，也会让艾利森发动机原本就短暂的寿命大打折扣。与西方国家的其他航空发动机一样，艾利森发动机也是为使用高辛烷值燃料而设计的，无法适应苏联炼油厂的任何产品。由于难以获得备用发动机，苏军曾尝试为一些老化的 P-40 系列战斗机换装克里莫夫发动机，但这些飞机的表现不佳，只能在后方使用。

---

① 译者注：一种苏联传统乐器。

P—40C

1942 年年初，列宁格勒，红旗波罗的海舰队歼击航空兵第 154 团的一架 P—40C。

P-40C 战斗机

机种:单座战斗机
长度:9.66 米（31 英尺 8 英寸）
翼展:11.38 米（37 英尺 4 英寸）
高度:3.75 米（12 英尺 4 英寸）
机翼面积:21.92 平方米（235.94 平方英尺）
空重:2880 千克（6350 磅）
一般起飞重量:3760 千克（8280 磅）
最大起飞重量:4000 千克（8810 磅）
动力系统:1 台艾利森 V-1710-33 型发动机，功率 775 千瓦（1040 马力）

最大速度:565 千米 / 时（351 英里 / 时）
航程:1050 千米（650 英里）
实用升限:8840 米（29000 英尺）
爬升率:11 米 / 秒（2100 英尺 / 分钟）
翼载:171.5 千克 / 平方米（35.1 磅 / 平方英尺）
武器装备:6 挺 7.7 毫米（0.303 英寸）勃朗宁机枪（4 挺在机翼内，2 挺在机首）

　　随着更优秀的苏制战斗机陆续服役，P—40 系列战斗机被逐渐转隶国土防空军和海军航空兵单位。苏联海军航空兵近卫歼击机第 2 团的飞行员尼古拉·格洛德尼科夫（Nikolay Golodnikov）回忆说：

　　差不多到 1943 年年底，P—40 都可以和所有梅塞施密特战斗机打成平手。如果把所有问题都考虑在内，"战斧"的性能与梅塞施密特 Bf 109F 基本相当，而"小鹰"的性能甚至比梅塞施密特 Bf 109F 略好一些。P—40 的速度、垂直机动性和水平机动性很好，与敌机势均力敌。它们的加速性有点差，但如果你习惯了"这种发动机"，这将根本不是问题。总之，我们认为 P—40 是一种不错的战斗机。

贝尔 P-39 "空中眼镜蛇" 战斗机

　　P-39 战斗机是历史上第一种为搭载武器系统（37 毫米 M4 航炮）而专门研发的军用飞机。因此，该机的设计极不寻常:发动机位于座舱之后，通过一根极长的传动轴来带动螺旋桨。

上述设计为容纳 1 门 37 毫米航炮、2 挺 12.7 毫米（0.5 英寸）机枪和机首起落架提供了充足空间，但也由此引发了许多问题。尤其尴尬的是，在维护发动机时（哪怕只是进行例行保养），地勤人员必须拆下多块机身壁板、驾驶舱后部舱壁，以及飞行员座椅和后方装甲。更糟糕的是，P-39 只配备了一部非常简单的单级单速增压器，一旦飞行高度大于 5200 米（17000 英尺），飞机就会变得"动作迟缓"。

最初，P-39 的理论性能一度让英国皇家空军心动不已。1940 年 9 月，英国政府订购了 386 架装备 1 门 20 毫米（0.79 英寸）西斯帕诺航炮和 6 挺 7.7 毫米（0.303 英寸）勃朗宁机枪的 P-39D，不久后又把订货量提升到 675 架。但当首批该型号的战机在 1941 年 9 月被交付给皇家空军第 601 中队后，其爬升率不足、高空表现恶劣的问题便很快表现了出来——在西欧地区的空战中，这两个问题是相当致命的。因此，这些战机迅速被"喷火"系列战斗机取代，其中 200 架被转交给了苏联空军。

贝尔 *P-39Q*

这架 *P-39Q* 是苏联空军王牌飞行员亚历山大·波克雷什金的座驾。亚历山大·波克雷什金的大部分战果都是在近卫歼击航空兵第 16 团服役时，驾驶该机取得的。

贝尔 P-39Q "空中眼镜蛇"战斗机

类型:单座战斗机
长度:9.2 米（30 英尺 2 英寸）
翼展:10.4 米（34 英尺）
高度:3.78 米（12 英尺 5 英寸）
机翼面积:19.8 平方米（213 平方英尺）
空重:2955 千克（6516 磅）
一般起飞重量:3433 千克（7570 磅）
最大起飞重量:3800 千克（8400 磅）
动力系统:1 台艾利森 V-1710-85 型发动机，功率 894 千瓦（1200 马力）

最大速度:626 千米／时（389 英里／时）
航程:840 千米（525 英里）
实用升限:10700 米（35000 英尺）
爬升率:19.3 米／秒（3805 英尺／分钟）
翼载:169 千克／平方米（34.6 磅／平方英尺）
武器装备:1 门 37 毫米（1.46 英寸）M4 航炮，4 挺 12.7 毫米（0.5 英寸）勃朗宁 M2 机枪，最大载弹量 230 千克（500 磅）

在将上述 P-39D 运往苏联后，西方盟国又陆续援助了苏联 4500 架其他型号的 P-39
（其中有不少 P-39N 和 P-39Q）。苏军飞行员发现，P-39 系列战斗机机身坚固、低空性
能优良，非常适合在东线作战。此外，他们还对 37 毫米航炮的杀伤力赞赏有加，只
是认为该炮的射速略慢（低于每秒 3 发），且备弹量太少（只有 30 发）。

在战争期间，西方盟国一共向苏联空军提供了 1232991 发配套的 37 毫米高爆弹，
每发炮弹重 0.61 千克（1.34 磅）——这些高爆弹威力巨大，只要 1 发就可以击落大部
分德军战斗机和中型轰炸机。在 10 名战绩最好的苏军飞行员中，有 5 名的大部分战
果都是在驾驶 P-39 系列战斗机时取得的。其中，亚历山大·波克雷什金（Alexander
Pokryshkin）驾驶 P-39Q 取得了 47 个战果（共 59 个）。这还不包括部分有记录的集体胜利。

苏式典礼
一支装备 P-39 战斗机的苏军部队正在领受象征近卫军身份的军旗。

贝尔 P-63 "眼镜王蛇" 系列战斗机

1942 年 12 月 7 日，P-63 战斗机的原型机完成首飞，该机可以被视为 P-39 战斗
机的增大和加强版。但当第一批生产型 P-63 在 1943 年 10 月下线时，美国陆军航空
队已对它们失去兴趣，并认为它们的性能不如 P-51 "野马"。随后，这种战斗机被提
供给了拥有丰富 P-39 使用经验的苏联人，并得到了后者的热烈欢迎。在 1945 年停产

前，共有 3303 架 P-63 架完工，其中至少有 2397 架（另有资料显示为 2672 架）被交给了苏联空军。列装了 P-63 的近卫歼击机第 4 团（该团可能是在 1944 年完成换装的），曾参加了东普鲁士和柏林上空的战斗。另外，德国空军中获得荣誉最多的飞行员汉斯 - 乌尔里希·鲁德尔曾经回忆说，1944 年和 1945 年，当他在"库尔兰口袋"作战期间[1]，经常遭遇"美制飞机，尤其是'空中眼镜蛇''眼镜王蛇'和'波士顿'"。

1945 年 8 月，P-39 和 P-63 还曾在中国东北作战（主要负责护航和对地攻击）。8 月 15 日，P-63 取得了这场战役中的首场空战胜利——米罗什尼琴科（Miroshnichenko）少尉在朝鲜北部沿海上空击落了 1 架日军的中岛 K-43 "隼"战斗机。

P-63 在苏联空军的一线部队中大约服役到 1950 年，随后该机型又被改为教练机，以帮助飞行员提前熟悉米格 -15 喷气式战斗机——因为 P-63 和其他苏制战斗机不同，它拥有与米格 -15 类似的前三点式起落架。

贝尔 P-63A "眼镜王蛇"战斗机

类型: 单座战斗机
长度: 10 米（32 英尺 8 英寸）
翼展: 11.7 米（38 英尺 4 英寸）
高度: 3.78 米（12 英尺 5 英寸）
机翼面积: 23 平方米（248 平方英尺）
空重: 3100 千克（6800 磅）
一般起飞重量: 4000 千克（8800 磅）
最大起飞重量: 4900 千克（10700 磅）
动力系统: 1 台艾利森 V-1710-117 型发动机，功率 1340 千瓦（1800 马力）

最大速度: 660 千米 / 时（410 英里 / 时）
航程: 725 千米（450 英里）
实用升限: 13100 米（43000 英尺）
爬升率: 12.7 米 / 秒（2500 英尺 / 分钟）
翼载: 173 千克 / 平方米（35.48 磅 / 平方英尺）
武器装备: 1 门 37 毫米（1.46 英寸）M4 航炮，4 挺 12.7 毫米（0.5 英寸）勃朗宁 M2 机枪，最大载弹量 680 千克（1500 磅）

北美 B-25 "米切尔"系列轰炸机

在战争期间，共有 862 架 B-25 系列轰炸机被运往苏联，其中第一批 B-25D 轰炸机早在 1942 年春天便已启程。这些 B-25D 深受苏军飞行员欢迎，并被编入远程航空兵部队，以填补伊尔 -4 和佩 -8 轰炸机的不足。但在最初的交战中，B-25D 的一个问题被暴露了出来：全机没有尾部机枪。鉴于 B-25D 拥有带动力系统的可收放式背部和

---

① 译者注：原文如此。实际上，鲁德尔在库尔兰地区作战的时间为 1944 年夏末。

腹部机枪塔 [每座机枪塔都装有 2 挺 12.7 毫米（0.5 英寸）勃朗宁 M2 机枪]，上述问题原本是不应该出现的。此外，B-25D 的遥控式机枪塔，经常发生故障。这些机枪塔的瞄准装置视野有限，而且开火时震动严重，根本无法精确瞄准。

德国飞行员很快就注意到了上述问题，开始从 B-25D 的正后方和下方发动攻击。因此，许多苏军中的 B-25D 在尾部安装了 1 座 12.7 毫米（0.5 英寸）UBT 机枪塔，以抵御从后方袭来的敌人。1944 年，苏联远程航空兵部队开始列装 B-25J——这种改进型轰炸机拥有更强的自卫火力（该机尾部安装有 2 挺勃朗宁双联装 M2 机枪）。

1942 年 9 月，苏军开始用 B-25 系列轰炸机执行各种夜间袭扰任务。随后，B-25 系列轰炸机又逐渐开始执行战略轰炸任务，轰炸目标包括华沙、布雷斯劳、柯尼斯堡、提尔西特（Tilsit）和柏林等城市。虽然频繁参战，但仍有 497 架 B-25 系列轰炸机在战争中幸存了下来，直到 1949 年才陆续从远程航空兵部队退役。

道格拉斯 A-20 "波士顿" 轰炸机

A-20 轰炸机在试飞时的优异表现令苏联空军印象深刻。试飞员曾这样描述："……完美无瑕，起降十分轻松……这种机型（的）……飞行和机动性都让人倍感舒畅。"

第一架 A-20 轰炸机于 1942 年 2 月被运抵苏联。西方盟国早期交付的机型大部分是 A-20B（665 架）和 A-20C（690 架）。这些飞机深受苏军轰炸机飞行员青睐。一名轰炸机飞行员回忆说："……它们真的飞得很快……'梅塞施密特'（梅塞施密特 Bf-109 战斗机）和'拉格'（拉格 -3 战斗机）都追不上它。"苏军轰炸机飞行员还赞扬了 A-20 系列轰炸机的生存能力——在一个引擎失灵时仍可正常飞行。不过，主要执行低空轰炸任务的 A-20 系列轰炸机，仍时常被敌军的高射炮和战斗机击落。

A-20 系列轰炸机的真正问题在于自卫火力不足：早期机型只配备了 4 挺 7.62 毫米（0.3 英寸）前射固定式机枪和 3 挺后部活动式机枪（2 挺位于后上方的敞开式战位，1 挺位于机腹舱口）。很多苏军机组人员都认为，这样孱弱的后射火力会让他们"被德国战斗机屠宰"。

苏军尝试了各种解决方案，并发现可以用人力操纵的 UTK-1 型机枪塔（配有 1 挺 12.7 毫米 UBT 机枪）替换机背战位中的双联装机枪。在战争期间，一共有 830 架 A-20 系列轰炸机接受了上述改装。1943 年，苏联空军开始接收新式的 A-20G 轰炸机。

A-20C

红旗波罗的海舰队近卫水鱼雷轰炸航空兵第 1 团的 A-20C 鱼雷轰炸机，该机机身涂有冬季迷彩。

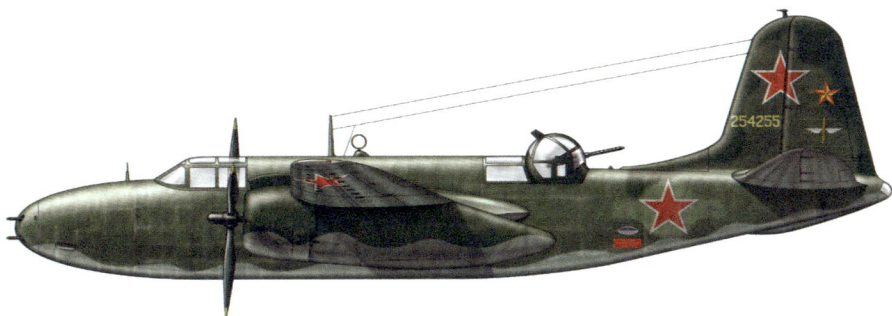

A-20G

1 架早期型 A-20G，其背部的 7.62 毫米（0.3 英寸）双联装机枪被更换为 UTK-1 型机枪塔——配有 1 挺 12.7 毫米（0.5 英寸）UTB 机枪。

A-20G 轰炸机

机种：三座轻型轰炸机
长度：14.63 米（48 英尺）
翼展：18.69 米（61 英尺 4 英寸）
高度：5.36 米（17 英尺 7 英寸）
机翼面积：43.1 平方米（464 平方英尺）
空重：7708 千克（16693 磅）
一般起飞重量：10964 千克（24127 磅）
最大起飞重量：12338 千克（27200 磅）。
动力系统：2 台莱特 R-2600-23 双旋风星型发动机，每台功率为 1200 千瓦（1600 马力）

最大速度：510 千米 / 时（317 英里 / 时）
续航力：1521 千米（945 英里）
实用升限：7225 米（23700 英尺）
爬升率：不详
翼载：不详
武器装备：9 挺 12.7 毫米（0.5 英寸）勃朗宁 M2 机枪（6 挺为固定式前射机枪，2 挺在背部机枪塔内，1 挺在机腹），最大载弹量为 1800 千克（4000 磅）

235

在 A-20G 上，自卫火力不足的问题得到了彻底解决——该机型采用了密封机首，而不是玻璃机首，机首中装有 4 门 20 毫米（0.79 英寸）机炮 [可以换为 12.7 毫米（0.5 英寸）勃朗宁 M2 机枪] 及 2 挺 12.7 毫米（0.5 英寸）勃朗宁 M2 机枪。此外，大部分 A-20G 还配备了 1 座带双联装 M2 机枪的遥控机枪塔，并在机腹舱口处安装了另一挺同型号的机枪。因为拥有强大的火力，所以很多 A-20G "被苏军用作对地攻击机"，而不是当轻型轰炸机使用。不过，事实证明 A-20G 很容易被德军的轻型高射炮击落。由于损失惨重，所有的 A-20G 从 1943 年 11 月开始不再执行对地攻击任务。随后，苏军对 A-20G 进行了大规模改装，以便换装玻璃机首和增加投弹手战位。

A-20G 的另一个 "用户" 是苏联海军航空兵。苏联海军航空兵主要用 A-20G 执行鱼雷轰炸任务。A-20G 不仅能在外部挂架上携带 2 枚 45-36AN 型鱼雷，还可以在机身弹舱内增设油箱。A-20G 曾在黑海舰队、波罗的海舰队和北方舰队中服役，直到战争结束。

西方盟国援助的飞机武器

7.62 毫米（0.3 英寸）和 7.7 毫米（0.303 英寸）勃朗宁机枪

美国和英国援助的飞机普遍使用的是 7.62 毫米（0.3 英寸）M1919A4 机枪的机载版——AN/M2 机枪。与 M1919A4 机枪相比，AN/M2 机枪的重量更轻、射速更快（每分钟 1200—1500 发）]。其中，美制飞机主要装备的是 7.62 毫米（0.3 英寸）口径的版本，而英制飞机主要装备的是 7.7 毫米（0.303 英寸）口径的版本——这种机枪的直系 "祖先" 是柯尔特—勃朗宁弹链供弹式机枪（该机枪在 1930 年获得专利，于 20 世纪 30 年代以 "勃朗宁 .303 Mk Ⅱ型机枪" 的身份在皇家空军中全面列装）。这些机枪主要由维克斯—阿姆斯特朗（Vickers Armstrong）和伯明翰轻武器公司（Birmingham Small Arms Company）授权仿制生产，拥有液压驱动和人工操纵两种型号——分别用于战斗机和轰炸机。

维克斯 K 机枪

维克斯 K 机枪（又名 "维克斯导气式机枪"）设计于 20 世纪 30 年代，旨在取代皇家空军中广泛装备的、过时的刘易斯机枪。维克斯 K 机枪主要被安装在英军的轰炸机上，并一直在皇家空军和海军航空兵中服役到二战结束。

12.7 毫米（0.5 英寸）勃朗宁机枪

12.7 毫米（0.5 英寸）勃朗宁机枪是美制战机上的常见武器，其原型是 12.7 毫米（0.5 英寸）勃朗宁 1921 型水冷式高射机枪。在 20 世纪 20 年代少量生产之后，该武器最终以 ".5 勃朗宁 AN/M2 机枪" 的编号被美军广泛采用 [其中 AN 是 "Army/Navy" 的缩写，即 "陆军 / 海军"，表明该武器是由这两个军种共同研发、共同使用的]。该机枪采用了气冷式设计，比地面部队使用的 M2HB 重机枪更轻，而且射速更快。

20 毫米（0.79 英寸）西斯帕诺 Mk. II 航炮

该航炮源自 20 世纪 30 年代初开发的西斯帕诺—絮扎 404 型机载轴炮，于 1935 年首先在德瓦蒂纳 D.501 型战斗机上采用。

鉴于该航炮的优异性能，皇家空军立刻将其引进回国。这款武器的早期型名为 "西斯帕诺 Mk.I 航炮"，配有容量为 60 发的弹鼓，最大持续发射时间仅为 10 秒。

另外，西斯帕诺 Mk.I 炮是为西斯帕诺—絮扎 12Y 航空发动机专门开发的，炮管需要穿过螺旋桨轴。该航炮在结构坚固的底座上可以正常运行，但在被安装到 "喷火" 战斗机的机翼等位置上后，一直问题重重，并且经常卡壳。

为了解决上述问题，1939 年和 1940 年，西斯帕诺—絮扎公司尝试研制了一种弹链供弹系统。该系统后来由莫林斯机械公司（Molins Machine Company）不断进行完善，最终达到了实用标准——航炮平均发射 1500 发炮弹才会卡壳 1 次。1941 年，一款配备了弹链供弹系统的航炮以 "西斯帕诺 Mk. II 航炮" 的身份加入皇家空军，并被安装在大部分英国战斗机上，直到 20 世纪 50 年代中期才被淘汰。

37 毫米（1.46 英寸）M4 自动航炮

该航炮由约翰·勃朗宁设计，主要被安装在贝尔 P-39 "空中眼镜蛇" 和 P-63 "眼镜王蛇" 战斗机上。该航炮设计紧凑，重量较轻，但炮口初速和射击速度略慢，这使得它只适合用于对抗轰炸机。尽管如此，装备该航炮的 P-39 和 P-63 战斗机仍然深受苏联空军的欢迎，作为强大的低空战斗机，它们一直从 1942 年服役到战争结束。

85 毫米（3.35 英寸）90-K 型高射炮

90-K 型高射炮的炮组人员，本照片拍摄于"基洛夫"级巡洋舰"加里宁"号。90-K 型高射炮取代了"基洛夫"级巡洋舰原先装备的 100 毫米（3.9 英寸）B-34 型高射炮，后者的可靠性极差。

第六章

海军武器

红海军诞生于 1918 年，其全称是"工农红海军"（Raboche－Krest' yansky Krasny Flot－RKKF），早期装备以沙俄时期的旧舰船为主。在成立初期，红海军面临着"舰船状况恶化和造船厂濒临瘫痪"等问题。舰员只能任凭舰艇在停泊地朽烂。

在红海军成立初期，大部分军舰只在名义上具有战斗力。红海军不仅缺乏设备，人员的素质也普遍不高。全军上下严重缺乏指挥人员，沙俄时期的军官要么在政治运动中遭到镇压，要么投靠了反对苏维埃政权的白军部队，要么直接放弃了职务。在黑海，黑海舰队中的大部分舰船都被白军带走了。在波罗的海，红海军的情况也不容乐观：喀琅施塔得基地的水兵曾经是列宁夺取政权时的重要臂助，但苏俄政府采取的极端措施却引发了他们的不满——1921 年，当地爆发叛乱，直到列宁派出 60000 名士兵进行镇压之后，事态才得以平息。

20 世纪 20 年代末期，波罗的海舰队拆毁了大量老式舰只，只保留了 3 艘旧式战列舰、2 艘巡洋舰、10 艘驱逐舰和若干潜艇，黑海舰队的规模也因此大幅缩水。另外，在本土内陆和近海水域，苏俄政府还曾先后组建过 30 支"区舰队"，其中绝大部分舰队装备的都是小型舰船。早期苏联造舰计划的核心是潜艇和轻型舰艇。1932 年和 1933 年，苏联组建了太平洋舰队与北方舰队。但斯大林的雄心远不止于此。1936 年，鉴于德国不断加强海军实力，他也下令建造 16 艘新主力舰。

239

舰炮支援
1942 年，"巴黎公社"号用 305 毫米（12 英寸）主炮轰击克里米亚半岛的轴心国阵地。

    由于当时的苏联缺乏设计能力，无法实现如此宏伟的造舰计划，斯大林还决定向西方海军工程师寻求援助。其间，意大利热那亚安萨尔多（Ansaldo）公司的设计师提出了一种战列舰的设计方案，该方案与建造中的"利托里奥"（Littorio）号的设计方案颇为相似。此外，苏联还请求美国公司设计"航空战列舰"。为此，吉布斯—考克斯公司（Gibbs & Cox）给出了多个方案，其设计的"航空战列舰"的最大排水量为 73000 吨，配有 12 门 406 毫米（16 英寸）火炮和 30 架战机。

    "大清洗"让红海军的专业人才进一步流失，并导致了严重后果。在这场运动中，红海军的 9 位二级舰队级指挥员中有 8 位蒙冤丧生，而被怀疑"里通外国"的指挥员更是不计其数。可能也是因为上述原因，苏联放弃了与国外设计团队进行合作，转而谋求战列舰的国产化。正是在这种思想的指导下，苏联于 1938 年和 1939 年开始建造"苏联"级（Sovetskiy Soyuz-class）战列舰的前三舰，但这些军舰"没有一艘被建造出来"。

技术问题

苏联还试图建造 16 艘 "喀琅施塔得" 级战列巡洋舰，以强化主力舰队的实力，但面对种种技术问题，甚至连斯大林也开始相信，苏联造船厂根本无法完成如此艰巨的任务。最终，苏联计划建造的战列巡洋舰被削减到 2 艘，它们均在 1939 年 11 月动工。随着德军入侵苏联，相关工程被迫中止，建造完成的舰体也在战后被拆除。

苏联海军的实力

下表其实是一个 "战舰大杂烩"，其中既有一战前的产品（如所有的战列舰和部分巡洋舰，以及各种 "新贵" 级驱逐舰），也有在苏联和欧洲其他国家建造的现代化舰船 [如在意大利竣工的驱逐舰 "塔什干"（Tashkent）号和前德国重型巡洋舰 "吕措"（Lützow，未完工）号]。此外，苏联当时还有包括 3 艘战列舰、2 艘战列巡洋舰、2 艘重巡洋舰、7 艘轻巡洋舰、45 艘驱逐舰和 91 艘潜艇在内的 219 艘舰艇正在建造中。

1941 年 6 月 22 日，红海军的舰船数量（含配属飞机）				
	波罗的海舰队	黑海舰队	北方舰队	太平洋舰队
战列舰	2 艘	1 艘	-	-
巡洋舰	2 艘	5 艘	-	-
驱逐领舰	2 艘	3 艘	-	2 艘
驱逐舰	17 艘	14 艘	8 艘	5 艘
潜艇	71 艘	44 艘	15 艘	85 艘
护航舰艇	7 艘	2 艘	7 艘	6 艘
炮舰	2 艘	4 艘	-	-
扫雷舰	30 艘	12 艘	2 艘	18 艘
鱼雷快艇	67 艘	78 艘	-	145 艘
巡逻艇	33 艘	24 艘	14 艘	19 艘
飞机	656 架	625 架	116 架	500 架

德军入侵

在 "巴巴罗萨" 行动中，波罗的海舰队的开局充满灾难性。随着立陶宛、拉脱维亚和爱沙尼亚的沦陷，该舰队被迫仓促撤出前沿基地，并因触雷和空袭而损失惨重。之后，该舰队又被封锁在列宁格勒和喀琅施塔得。波罗的海舰队的水面舰艇负

伏尔加河区舰队，斯大林格勒战役期间
登上"1125工程"内河装甲炮艇的艇员们。其中可以清楚地看到艇首的T−34坦克炮塔、指挥塔上的PB−5型机枪塔和艇尾的M−8"喀秋莎"火箭发射器。

责加强城市的防空力量或炮击德军阵地，但有不少舰艇被德军的空袭和炮击击沉，尤其是老式战列舰"马拉"（Marat）号——该舰舰首折断，坐沉在泊位上，但后来又被苏军捞起，作为浮动炮台重新参与战斗。

在波罗的海，苏军潜艇"在大部分时期充当了主角"。但直到1944年年底，它们也只击沉了少量德国和芬兰船只。1945年，它们的战绩显著增长，其战果包括前邮轮"威廉·古斯特洛夫"（Wilhelm Gustloff）号、"施托伊本"（Steuben）号和货轮"戈雅"（Goya）号。当时，这三艘船只都满载着从"库尔兰口袋"和东普鲁士疏散的德国军民 [1]，总死亡人数可能超过19000人。

1941年和1942年，随着敖德萨和塞瓦斯托波尔基地的失守，黑海舰队的处境

---

① 译者注：原文如此。实际上，这三艘船搭载的人员全部来自东普鲁士。

也一度岌岌可危。该舰队的大部分损失都来自空袭。到 1943 年，黑海舰队残存的水面舰艇大多"状况恶劣，难以作战"。

虽然在 1941 年 6 月至 1945 年 5 月间，红海军的总人数从 290000 人上升到了 600000 人，但这支军队并从没有从 1941 年和 1942 年遭受的损失中恢复元气，人员的专业素养也大不如前。不仅如此，还有近 390000 名水兵被派往岸上充当步兵。在缺乏地面作战训练的情况下，许多人参与了保卫敖德萨和塞瓦斯托波尔的战斗，并在战斗中付出了惨痛代价。

战后实力

在战争最后一年，红海军的主力只剩下了大量在黑海和波罗的海沿岸活动的轻型舰艇、巡逻艇和潜艇。

1944 年—1945 年，红海军的舰船数量（含配属飞机）			
	波罗的海舰队（1945 年 1 月 1 日）	黑海舰队（1944 年 5 月）	北方舰队（1945 年 1 月 1 日）	太平洋舰队（1945 年 8 月 10 日）
战列舰	1 艘	1 艘	1 艘	-
巡洋舰	2 艘	4 艘	1 艘	2 艘
驱逐领舰	2 艘	-	1 艘	1 艘
驱逐舰	10 艘	6 艘	17 艘	12 艘
潜艇	28 艘	29 艘	22 艘	78 艘
护航舰艇	5 艘	13 艘	12 艘	19 艘
炮舰	10 艘	3 艘	-	-
扫雷舰	73 艘	27 艘	36 艘	52 艘
鱼雷快艇	78 艘	47 艘	40 艘	204 艘
巡逻艇	220 艘	113 艘	59 艘	49 艘
飞机	781 架	467 架	721 架	1618 架

苏联海军的主力舰船

"甘古特"级战列舰

"甘古特"级（Gangut-class）战列舰是俄国最早列装的无畏舰，共有 4 艘［"甘古特"号、"彼得罗巴甫洛夫斯克"（Petropavlovsk）号、"塞瓦斯托波尔"（Sevastopol）

号和"波尔塔瓦"（Poltava）号]，它们在 1914 年和 1915 年加入沙俄海军波罗的海舰队，但在一战中极少参加战斗。一战后，这些军舰都被布尔什维克接管，并在 20 世纪 20 年代被改名：

· "甘古特"号改名为"十月革命"号（1925 年）
· "彼得罗巴甫洛夫斯克"号改名为"马拉"号（1921 年）
· "塞瓦斯托波尔"号改名为"巴黎公社"号（1921 年）
· "波尔塔瓦"号改名为"伏龙芝"号（1926 年）

"伏龙芝"号虽然直到 1940 年仍在海军序列中，但该舰的前锅炉舱曾在 1919 年发生火灾，导致大部分船体受损。当局虽然讨论过多种重建计划，但该舰还是退居二线，负责为姐妹舰提供备件，最终在 1949 年被拆毁解体。

剩下的 3 艘战列舰在 1928 年至 1940 年间经历了不同程度的大规模改装。1930 年，"巴黎公社"号被派往黑海舰队，并在 1941 年和 1942 年参与了炮击克里米亚半岛轴心国目标的战斗。但由于担心遭到空袭，该舰之后便再也没有参与重大行动。1943 年，该舰恢复原名，最终在 1956 年退役报废。

"马拉"号和"十月革命"号只在"冬季战争"初期进行过一次"岸轰任务"，并在 1939—1940 年冬季换装了现代化的高射武器。另外，"十月革命"号还在 1941 年 2 月和 3 月加装了部分高射炮。

这两艘军舰之后一直鲜有活动，直到 1941 年 9 月 8 日——它们在喀琅施塔得和列宁格勒附近的战位上炮击了德军部队。9 月 23 日，德军第 2 俯冲轰炸机联队第 3 大队的"斯图卡"轰炸机向"马拉"号投掷了数枚 1000 千克（2200 磅）重的炸弹（其中 2 枚几乎同时命中目标），将该舰炸沉在泊位上。这些炸弹引爆了"马拉"号的前弹药库，将舰首炮塔掀飞，并完全摧毁了舰桥和前烟囱。随后，有超过 320 名舰员丧生的"马拉"号坐沉在 11 米（36 英尺）深的海水里。

后来，苏军将"马拉"号的后半段捞起，并将其用作浮动炮台。一开始，该舰只有 2 座后部炮塔可以正常运转。但 1942 年秋季，工人们修复了该舰的二号炮塔。在列宁格勒被围期间，该舰一共发射了 1971 枚 305 毫米（12 英寸）炮弹。1943 年，"马拉"号恢复原名，但又在 1950 年 11 月改名为"沃尔霍夫"

"塞瓦斯托波尔"号

20 世纪 40 年代末，巡弋于黑海上的"巴黎公社"号。尽管残存的"甘古特"级战列舰已完全过时，但斯大林坚持认为，它们是一个国家的象征，必须继续服役。

"塞瓦斯托波尔"号（"巴黎公社"号）

排水量:24800 吨
长度:181.2 米（594 英尺）
宽度:26.9 米（88 英尺）
吃水:8.99 米（29 英尺 6 英寸）
动力系统:10 台蒸汽轮机，总功率 38776 千瓦（52000 马力）
航速:44.6 千米 / 时（24.1 节）
续航力:5900 千米 [3200 海里，航速 19 千米 / 时（10 节）状态下]

建成时的武器装备
主炮:12 门 305 毫米（12 英寸）炮
副炮:16 门 120 毫米（4.7 英寸）炮
对空武器:1 门 76.2 毫米（3 英寸）炮
鱼雷:4 具 450 毫米（17.7 英寸）鱼雷发射管

1941 年改装后的武器装备
主炮:12 门 305 毫米（12 英寸）炮
副炮:12 门 120 毫米（4.7 英寸）炮
对空武器:3 门 76.2 毫米（3 英寸）炮、16 门 37 毫米（1.46 英寸）炮和 12 挺 12.7 毫米（0.5 英寸）机枪
装甲:装甲带，125—225 毫米（4.9—8.9 英寸）；甲板，12—50 毫米（0.47—1.97 英寸）；炮塔，76—203 毫米（3—8 英寸）；炮塔基座，75—150 毫米（3—5.9 英寸）；指挥塔，100—254 毫米（3.9—10 英寸）

舰员数:1149

（Volkhov，该名字源自一条河流）号。随后，该舰一直被用作固定训练舰，直到 1953 年退役报废。

1941 年 9 月 21 日，"十月革命"号也被 3 枚炸弹击中，其两座炮塔严重受损，直到 1942 年 11 月才修理完毕。随后，该舰立刻被投入了列宁格勒周边的战斗。此外，该舰还是最后一艘向敌人"发出怒吼"[1944 年 6 月 9 日，苏军发动维堡—彼得罗扎沃茨克（Vyborg–Petrozavodsk Offensive）攻势期间] 的苏军战列舰。战争结束后，该舰作为一线舰船服役到 1954 年，之后又被改为训练舰，并在 1956 年报废解体。

"基洛夫"级巡洋舰

"基洛夫"级巡洋舰一共有 6 艘，是苏联在"十月革命"后自主建造的第一级大型舰船，其设计源自意大利海军的"拉依蒙多·蒙特库科利"级（Raimondo

"基洛夫"号
"基洛夫"号首次参战是在"冬季战争"期间（对手是芬兰军队的岸防炮台）。在列宁格勒被围期间，该舰为友军提供了炮火支援，并在 1944 年年中的维堡—彼得罗扎沃茨克攻势中炮击了敌军阵地。该舰于 1974 年退役报废。

"基洛夫"级巡洋舰

排水量:7890 吨（标准），9436 吨（满载）
长度:191.3 米（627 英尺 7 英寸）
宽度:17.66 米（57 英尺 11 英寸）
吃水:6.15 米（20 英尺 2 英寸）
动力系统: 蒸汽轮机，总功率 84600 千瓦（113500 马力）
航速:66.56 千米 / 时（35.94 节）
续航力:6940 千米 [3750 海里，航速 33 千米 / 时（18 节）时]
舰员数:872

主炮:9 门 180 毫米（7.1 英寸）炮
副炮:6 门 100 毫米（3.9 英寸）炮
对空武器:6 门 45 毫米（1.77 英寸）炮，4 挺 12.7 毫米（0.5 英寸）机枪
鱼雷:6 具 533 毫米（21 英寸）鱼雷发射管
水雷:96—164 枚
深水炸弹:50 枚
装甲:装甲带、甲板、炮塔和炮塔基座，50 毫米（2 英寸）；指挥塔，150 毫米（5.9 英寸）
舰载机:2 架

Montecuccoli-class）巡洋舰。为了在尺寸有限的船体上安装大量武器，该舰存在很多问题，尤其是三联装 180 毫米（7.1 英寸）主炮炮塔——其内部空间非常逼仄，导致开火速度只能达到理论值（每分钟 6 发）的三分之一；另外一个问题则是炮管间距太窄，会导致炮口暴风影响射击准确性。

"基洛夫"级巡洋舰以两艘为一组，其中第一组 ["基洛夫"号和"伏罗希洛夫"（Voroshilov）号] 在波罗的海服役，第二组 ["马克西姆·高尔基"（Maxim Gorky）号和"莫洛托夫"（Molotov）号] 在黑海服役，这两组军舰在战争期间主要承担一些对岸轰击和补给运输任务。该级军舰的最后一组 ["卡冈诺维奇"（Kaganovich）号和"加里宁"（Kalinin）号] 由阿穆尔造船厂（Amur Shipbuilding Plant）建造，原计划交付太平洋舰队，但直到战争结束都未能完工。因此，"卡冈诺维奇"号和"加里宁"号没有参加任何战斗。6 艘"基洛夫"级巡洋舰都幸存了下来，并在战后转入二线（如改为训练舰），直到 20 世纪 70 年代退役拆解。

"列宁格勒"级驱逐领舰

该级驱逐舰共 6 艘，分别在 1936 年至 1940 年间完工。由于发动机和火炮交付滞后，其工期均出现了严重拖延。事实上，当该级首舰"列宁格勒"号在 1932 年铺设龙骨时，很多准备工作仍然未完成——发动机直到 1 年后才正式交付，主炮更是到 1935 年才安装完毕。此外，许多零部件的糟糕质量也困扰着该级军舰——其中某些部件的不合格率高达 90%。

另外，该级驱逐舰服役之后还暴露出了适航性恶劣的问题——其上层建筑 [尤其是前舰桥周围的 3 门 130 毫米（5.1 英寸）主炮] 超重明显，导致整艘军舰"头重脚轻"，甚至在正常情况下，前甲板也经常被海浪打湿。

在"列宁格勒"级驱逐领舰中，"明斯克"（Minsk）号于 1941 年 9 月 23 日被德军第 2 俯冲轰炸机联队的"斯图卡"轰炸机炸沉在喀琅施塔得港内（1943 年 6 月被打捞出水，重新编入舰队）；"莫斯科"（Moskva）号和"哈尔科夫"（Kharkov）号则在黑海战沉（前者于 1941 年 6 月在罗马尼亚的康斯坦察外海触雷，后者于 1943 年 10 月在克里米亚外海被德军的"斯图卡"轰炸机击沉）。其余 3 艘"列宁格勒"级驱逐领舰 ["列宁格勒"号、"巴库"（Baku）号和"第比利斯"（Tblisi）号] 则幸存了下来，并在 20 世纪 60 年代初被苏军拆解或作为靶船击沉。

"莫斯科"号

"列宁格勒"级驱逐领舰"莫斯科"号于1938年加入黑海舰队。1941年6月26日,该舰在奥克佳布里斯基（Oktyabrsky）海军中将的指挥下袭击了罗马尼亚港口城市康斯坦察港,但被罗军驱逐舰"玛利亚王后"（Regina Maria）号的炮火击伤。最终,该舰在一个罗马尼亚水雷场触雷沉没。

"列宁格勒"级驱逐领舰

排水量:2185吨（标准）,2623吨（满载）

长度:127.5米（418英尺4英寸）

宽度:11.7米（38英尺5英寸）

吃水:4.06米（13英尺1英寸）

动力系统:蒸汽轮机,总功率44740千瓦（60000马力）

航速:74.6千米/时（40.28节）

续航力:3900千米[2100海里,航速37千米/时（20节）状态下]

主炮:5门130毫米（5.1英寸）炮

对空武器:2门76.2毫米（3英寸）炮和2门45毫米（1.77英寸）炮

鱼雷:8具533毫米（21英寸）鱼雷发射管

水雷:68—115枚

深水炸弹:52枚

舰员数:311

"灵敏"级驱逐舰

　　相对于其他早期的苏联驱逐舰,"灵敏"级（Soobrazitelnyy class）[①]的抗沉性有所提升——尤其是在改进了舰体强度和动力系统配置（锅炉舱从3个增加到4个）后。不过,哪怕是以苏军的标准来看,该级战舰的生活空间都极为局促,很不受舰员欢迎。

[①] 译者注:苏军的官方代号是"7U工程",其他资料一般将其称为"前哨"级。

"灵敏"号

"灵敏"号于 1941 年加入黑海舰队，并参加了对康斯坦察的突袭。虽然苏军一败涂地，但该舰幸免于难，并一直活跃在最前线。该舰执行的最后一次重大任务是在 1945 年 2 月的雅尔塔会议期间，作为海军分队的一部分在克里米亚海岸巡逻。

"灵敏"级驱逐舰

排水量: 1727 吨（标准），2279 吨（满载）
长度: 112.5 米（369 英尺 1 英寸）
宽度: 10.2 米（33 英尺 6 英寸）
吃水: 3.98 米（13 英尺 1 英寸）
动力系统: 蒸汽轮机，总功率 44740 千瓦（60000 马力）
航速: 74.6 千米 / 时（40.28 节）
续航力: 2760 千米 [1490 海里，航速 35 千米 / 时（19 节）状态下]

主炮: 4 门 130 毫米（5.1 英寸）炮
对空武器: 2 门 76.2 毫米（3 英寸）炮，3 门 45 毫米（1.77 英寸）炮和 4 挺 12.7 毫米（0.5 英寸）机枪
鱼雷: 6 具 533 毫米（21 英寸）鱼雷发射管
水雷: 58—96 枚
深水炸弹: 30 枚
舰员数: 271

　　战争期间，有部分"灵敏"级驱逐舰接受了改装，用 1 座全封闭式的双联装 130 毫米（5.1 英寸）B-2LM 型炮塔替换了舰首的 2 门单管 130 毫米（5.1 英寸）炮。不过，新炮塔也有一定的问题，例如其最大仰角只有 45 度，无法对空射击。值得一提的是，这些驱逐舰在接受改装时还扩大了上层建筑和舰员生活空间，并改进了防空武器。①

---

　　① 译者注：事实上，接受上述改装的军舰只有 1 艘 ["警戒"（Storozhevoy）号]。1941 年 6 月 27 日，该舰被德军发射的鱼雷击伤，只得在列宁格勒进行维修。由于物资匮乏，船厂只好"借用"了一艘未完工的驱逐舰的舰首和 130 毫米双联装主炮。

潜艇和巡逻舰艇

"列宁主义者"级布雷潜艇

"列宁主义者"级（Leninets-class）布雷潜艇共有25艘，于1931年至1941年间建成。其设计源自英国潜艇L-55号——该潜艇于1919年在芬兰湾被苏俄红军所指挥的驱逐舰击沉。1928年，L-55号被打捞出水，并在被修复后用作训练潜艇，最终在1960年被拆毁。

在战争期间，"列宁主义者"级潜艇的主要任务是负责布雷，但其战绩却乏善可陈。不过在1945年4月16日的夜间，L-3号向德军的难民运输船"戈雅"号发射了鱼雷，并最终将其击沉。按照估计，当时"戈雅"号可能一共搭载了7200名从戈滕哈芬 [Gotenhafen，即现在波兰的格丁尼亚（Gdynia）] 撤往基尔（Kiel）的德国军人和难民。"戈雅"号在中雷后的4分钟内沉没。据统计，当时共有7000名船员和乘客随之丧生。

L-3号潜艇
与其他同级潜艇一样，L-3号也可以在2条艇尾滑道内存放20枚水雷。后来，该潜艇又在尾部增加了2具鱼雷发射管。

"列宁主义者"级布雷潜艇

排水量:1219吨（水面），1356.42吨（水下）
长度:81米（265英尺9英寸）
宽度:7.5米（24英尺7英寸）
吃水:4.08米（13英尺8英寸）
动力系统:柴电动力，柴油机功率1193千瓦（1600马力），电动机功率932千瓦（1250马力）
航速:水面航速26千米/时（14节），水下航速17千米/时（9节）
续航力:13700千米 [7400海里，航速17千米/时（9节）状态下]

鱼雷与水雷:6具533毫米（21英寸）鱼雷发射管，12枚鱼雷，20枚水雷
火炮:1门100毫米（3.9英寸）炮，1门45毫米（1.77英寸）炮
艇员数:53

S 级潜艇

　　S 级潜艇的原型,是一艘由德国人设计的潜艇 [于 1932 年在西班牙加的斯（Cádiz）竣工]——1934 年和 1935 年,苏联以该潜艇的设计方案为基础建造了 3 艘改进型潜艇（它们后来成为 S 级潜艇的 "先祖"）。1936 年,首艘 S 级潜艇动工。S 级潜艇的建造工程一直持续到 1948 年,共有 56 艘完工,其中 16 艘在对敌作战中沉没。

S-13 号潜艇

1945 年 1 月 30 日,S-13 号潜艇击沉了 23118 吨的前游轮 "威廉·古斯特洛夫" 号,该船当时搭载着近 10500 名从戈滕哈芬前往基尔的难民和军人——据估计,其中有 9600 人死亡。1945 年 2 月 10 日,该潜艇又用鱼雷击中了 13300 吨的前班轮 "斯图本" 号,该船搭载有约 5200 名难民和军人,正从皮劳开往斯维内明德。"斯图本" 号在 20 分钟内沉没,至少有 4500 名乘客和船员丧生。

S 级潜艇

排水量:853 吨（水面）,1067 吨（水下）
长度:77.8 米（255 英尺 3 英寸）
宽度:6.4 米（21 英尺）
吃水:4.4 米（14 英尺 5 英寸）
动力系统:柴电动力,柴油机功率 2982 千瓦（4000 马力）,电动机功率 820 千瓦（1100 马力）
航速:水面航速 36.1 千米 / 时（19.5 节）,水下航速 11.7 千米 / 时（6.3 节）

续航力:11000 千米 [6000 海里,航速 17 千米 / 时（9 节）状态下]

鱼雷:6 具 533 毫米（21 英寸）鱼雷发射管,4 具位于艇首,2 具位于艇尾,12 枚鱼雷
火炮:1 门 100 毫米（3.9 英寸）炮,1 门 45 毫米（1.77 英寸）炮
艇员数:50

M 级（"婴儿" 级）近海潜艇

　　1933 年加入苏军的 M 级潜艇,是苏军中第一种采用分段预制技术的潜艇。M 级潜艇的部分舱段在伏尔加河沿岸的高尔基造船厂（Gorky Shipyard）生产,然后通过铁路运往列宁格勒进行组装和舾装。到 1945 年,该级潜艇的数量已达 109 艘（大部分在波罗的海舰队和黑海舰队服役）。

G-5 级鱼雷快艇

　　G-5 级鱼雷快艇于 1933 年投产，是一种单断级滑行艇，其上部船体为"鲸背"式，大部分船体采用了硬质铝——这种材料极大减轻了艇身重量，但极易受到盐水腐蚀（在一定程度上加重了维护负担）。在实际使用中，G-5 级鱼雷快艇的入水时间不能超过 15 天，否则就必须接受防腐蚀处理。

　　G-5 级鱼雷快艇的动力来自两部被降低了功率的米秋林发动机——该发动机虽然确保了极高的航速，但也让这种鱼雷快艇最低只能以每小时 33 千米（18 节）的速度航行，从而导致停泊异常困难。

G-5 级鱼雷快艇（早期生产型）
早期生产的 G-5 级鱼雷快艇，装备有 1 挺 12.7 毫米（0.5 英寸）DShK 机枪。

G-5 级鱼雷快艇（后期生产型）
后期生产的 G-5 级鱼雷快艇，装备了 2 挺 12.7 毫米（0.5 英寸）DShK 机枪和 24 枚 82 毫米（3.2 英寸）火箭弹。

G-5 级鱼雷快艇

排水量：16.26 吨（标准）
长度：19.1 米（62 英尺 8 英寸）
宽度：3.5 米（11 英尺 6 英寸）
吃水：0.82 米（2 英尺 8 英寸）
发动机：2 台米秋林 GAM-34BS 汽油发动机，每台功率 630 千瓦（850 马力）
航速：98 千米 / 时（53 节）

续航力：407 千米（220 海里）

鱼雷：2 枚 533 毫米（21 英寸）鱼雷
对空武器：1 或 2 挺 12.7 毫米（0.5 英寸）DShK 机枪
艇员数：7

为减轻艇身重量，鱼雷平时被安置在艇尾的凹槽内。发射时，它们将被艇上的钢制撞锤向后猛推，尾部先入水。同时，连接撞锤和鱼雷的钢索会拉动鱼雷引擎。在发射鱼雷后，G-5级鱼雷快艇会立刻急转。

在1933年至1941年间，苏军一共建造了大约300艘G-5级鱼雷快艇。在德军入侵时，苏军共有293艘G-5级鱼雷快艇，其中60艘在波罗的海舰队，92艘在黑海舰队，135艘在太平洋舰队，6艘在里海区舰队。后来，有73艘G-5级鱼雷快艇在对敌作战中沉没，另有31艘因出现故障而报废。战争期间，苏联仍在小批量生产这种鱼雷快艇。到1945年，波罗的海舰队仍有24艘G-5级鱼雷快艇，太平洋舰队有134艘，里海区舰队有6艘。

D-3 级鱼雷快艇

鉴于G-5级鱼雷快艇的问题颇多，苏军开始研制一种尺寸更大、适航性更强的新产品。在试验过各种型号的G-5级鱼雷快艇改进型之后，设计师们放弃了从艇尾抛射鱼雷的设计，决定改用安装在甲板上的鱼雷发射架。最终，一种采用木制艇体的鱼雷快艇脱颖而出——它就是D-3级。

到1944年，共有119艘D-3级鱼雷快艇完工。由于发动机动力不足，后来有56艘D-3级鱼雷快艇被改为炮艇和猎潜艇。

D-3 级猎潜艇
D-3 级猎潜艇一般会装备 1 门 37 毫米（1.46 英寸）高射炮、2 挺 12.7 毫米（0.5 英寸）DShK 机枪，并携带 12 枚深水炸弹。

D−3 级炮艇

这是一艘采用原始配置的 D−3 级炮艇，艇身涂有典型的视觉干扰迷彩。

D−3 级鱼雷快艇

排水量:32.1 吨（满载）
长度:21.6 米（70 英尺 10 英寸）
宽度:3.9 米（12 英尺 7 英寸）
吃水:1.35 米（4 英尺 5 英寸）
动力系统:3 台米秋林 GAM-34F 汽油发动机，每台功率 559 千瓦（750 马力）
航速:68 千米 / 时（37 节）

续航力:1018 千米 [550 海里，航速 14.8 千米 / 时（8 节）状态下]

鱼雷:2 枚 533 毫米（21 英寸）鱼雷
深水炸弹:猎潜艇会携带 12 枚深水炸弹
对空武器:2 挺 12.7 毫米（0.5 英寸）DShK 机枪
艇员数:10

内河装甲炮艇

20 世纪 30 年代中期，苏军开发了 2 种装备坦克炮塔的内河装甲炮艇。其中，"1124 工程"配备了 2 座 KT-28 型 76.2 毫米（3 英寸）炮塔（T-28 中型坦克使用的炮塔），其指挥塔顶部还有一座可安装 1—2 挺 12.7 毫米（0.5 英寸）DShK 机枪的机枪塔。"1125 工程"的设计与"1124 工程"类似，但艇身的尺寸略小。"1125 工程"配备了 1 座 KT-28 型 76.2 毫米（3 英寸）炮塔和 3 座 PB-5 型机枪塔 [每座机枪塔内均装有 1 挺 7.62 毫米（3 英寸）DT 机枪]。以上两种内河装甲炮艇都拥有水线装甲带，指挥塔周围也有一层较薄的装甲。

在 T-34 坦克炮塔问世后，这两种内河装甲炮艇上的 KT-28 型炮塔便逐渐被汰换了。与 KT-28 型炮塔相比，T-34 坦克炮塔配备的新火炮拥有更出色的反坦克和反工事能力。另外，在 1942 年之后，有些装甲炮艇还拆除了艇尾炮塔，以便安装 24 轨 82 毫米（3.2 英寸）或 16 轨 132 毫米（5.2 英寸）火箭发射器。

在 1936 年至 1944 年间，苏联共有 97 艘"1124 工程"和 151 艘"1125 工程"内河装甲炮艇竣工服役。

"1124 工程"内河装甲炮艇

一艘战时的"1124 工程"内河装甲炮艇——配备了 2 座 T-34 坦克炮塔。另外，该艇的 1 座敞开式机枪塔中还安装有 2 挺 12.7 毫米（0.5 英寸）DShK 防空机枪。

"1124 工程"内河装甲炮艇

排水量:53 吨
长度:25.3 米（83 英尺）
宽度:4.04 米（13 英尺 3 英寸）
吃水:0.85 米（2 英尺 9 英寸）
动力系统:2 台 GAM-34BS 汽油发动机，每台功率 559 千瓦（750 马力）

航速:36 千米 / 时（19.4 节）
续航力:640 千米（340 海里）
武器装备:2 座 T-34 坦克炮塔，2 挺 12.7 毫米（0.5 英寸）DShK 机枪，以及多达 10 枚水雷
装甲:7——45 毫米（0.28—1.77 英寸）
艇员数:17

"1125 工程"内河装甲炮艇

一艘中期型的"1125 工程"内河装甲炮艇——安装有 1 座 T-34 1941 型坦克的铸造炮塔和 3 座 PB-5 型机枪塔（每座机枪塔内都装有 1 挺 DT 机枪）。

"1125 工程"内河装甲炮艇

排水量:27.2 吨
长度:22.65 米（74 英尺 4 英寸）
宽度:3.5 米（11 英尺 6 英寸）
吃水:0.52 米（1 英尺 8 英寸）
动力系统:1 台 GAM-34BS 型汽油机，功率 560 千瓦（750 马力）

航速:36 千米 / 时（19.4 节）
续航力:463 千米（250 海里）
武器装备:1 座 T-34 坦克炮塔，3 挺 7.62 毫米（0.3 英寸）DT 机枪，以及最多 6 枚水雷
装甲:7——45 毫米（0.28—1.77 英寸）
艇员数:13

苏联舰船武器

苏军舰船的武器五花八门，有些足以被送进博物馆，有些则极具现代感。事实上，完全介绍这些武器可能需要一本专著——在本章节，我们将介绍其中最常见的型号。

舰炮

305 毫米（12 英寸）52 倍径 1907 型舰炮

该型舰炮是"甘古特"级战列舰的主炮，因准确性较高而著称（但在二战中可能从未向敌舰开火）。一战期间的"玛利亚女皇"级（Imperatritsa Mariya-class）战列舰，安装的就是这种舰炮——其中一门曾在 21000 米（68900 英尺）外击中过土耳其巡洋舰"米迪里"（Midilli）号。

还有一部分该型舰炮的改进型被用作岸炮，其中以 2 座保卫塞瓦斯托波尔的炮台最为著名（即"马克西姆·高尔基 1 号"和"马克西姆·高尔基 2 号"炮台）。

180 毫米（7.1 英寸）60 倍径 1931 型（B-1-K）舰炮和 180 毫米（7.1 英寸）57 倍径 1932 型（B-1-P）舰炮

1931 型舰炮由老式的 203 毫米（8 英寸）50 倍径 1905 型舰炮改进而来，主要被安装在巡洋舰"红色高加索"（Krasnyi Kavkaz）号上。但该型舰炮在服役期间暴露出了许多问题（主要是炮管磨损速度过快）。为满足新建造的"基洛夫"级巡洋舰对舰炮的需求，设计人员被迫对 1931 型舰炮进行了全面改进，并推出了 1932 型舰炮。1932 型舰炮还被大量用作岸炮，有些直到 20 世纪 90 年代仍在服役。

130 毫米 50 倍径 1936 型（B-13）舰炮

苏联原计划将 1936 型舰炮用作"真理"级（Pravda-class）潜艇的甲板炮，但由于尺寸原因，该舰炮最终被改用在驱逐舰等水面舰船上。1935 年，该舰炮正式投产，最初被安装在"列宁格勒"级驱逐领舰上。由于炮管磨损速度太快，早期出厂的 1936 型舰炮几乎不具备实用性。此外，1936 型舰炮的炮闩也故障频发。该舰炮一直生产到 1954 年，其总产量为 1199 门。

120 毫米（4.7 英寸）50 倍径 1905 型舰炮

该舰炮由维克斯公司设计。首批产品在 1905 年被运往俄罗斯，主要被安装在 1905 年至 1913 年间建造的舰船（如"甘古特"级战列舰）上，至 1941 年仍有 110 门在服役。

100 毫米（3.9 英寸）51 倍径 1936 型（B-24）舰炮

该舰炮拥有许多现代化特征，主要被安装在轻型水面舰艇和潜艇上。1941 年，整个红海军共有 76 门这种舰炮。虽然在战争期间该舰炮的产量不到 5 门，但直到 1950 年，其始终保持着低速生产（仅潜艇用的型号就生产了 63 门）。

炮术训练
黑海舰队的 1 艘潜艇正在准备使用 100 毫米（3.9 英寸）51 倍径 1936 型（B-24）舰炮。值得一提的是，由于轴心国拥有空中优势，潜艇在水面开炮几乎就是一种自杀行为。

100 毫米（3.94 英寸）52 倍径 1940 型（B-34）高射炮

20 世纪 30 年代后期，红海军曾测试过多种 100 毫米（3.9 英寸）高射炮，但结果大多不够理想。直到 1940 年，100 毫米（3.9 英寸）高射炮的最终产品——1940

100 毫米（3.9 英寸）1940 型（B−34）高射炮
"红色高加索"号轻巡洋舰上的炮手们正在进行操练。

型才正式投产。这款高射炮曾在"基洛夫"级巡洋舰上充当过副炮,但其炮闩和引信设定器都存在一些问题——也正是因为如此,最后 2 艘"基洛夫"级均换装了 85 毫米(3.35 英寸)90-K 型高射炮。

85 毫米(3.35 英寸)52 倍径 90-K 型高射炮

鉴于 100 毫米(3.94 英寸)高射炮存在严重问题,红海军采取了一种临时解决方案——将陆军的 85 毫米(3.35 英寸)1939 型(52-K)高射炮安装在海军的 76.2 毫米(3 英寸)34-K 型高射炮的炮架上。这一方案被证明完全可行,"新武器"于 1942 年开始投产。但因未知原因,这款武器一直到 1946 年 6 月才获得官方的正式编号(90-K 型高射炮)。据相关资料显示,这款高射炮的总产量超过 600 门,直到 20 世纪 50 年代才完全停产。

76.2 毫米(3 英寸)55 倍径 1935 型(34-K)高射炮

这款武器的原型是莱茵金属公司(Rheinmetall)于 1930 年设计的一款高射炮——苏联陆军引进了这款高射炮,并将其改名为"76.2 毫米(3 英寸)1931 型(3-K)高射炮"。对这款高射炮的性能印象深刻的苏联海军,提出了研发其舰载版 [76.2 毫米(3 英寸)55 倍径 1935 型(34-K)高射炮] 的需求。由于这款舰载高射炮的初代产品问题很多(比如炮管无法在恶劣海况下扬起),技术人员只能为其研发新的炮架。1936 年,改良后的炮架正式投产。在 1941 年年底停产前,苏联共生产了 285 门 1935 型(34-K)高射炮。另外,苏联还在 1936 年为 1935 型(34-K)高射炮研制过双联装炮架,但由于种种问题,双联装炮架直到 1939 年才正式投产。

45 毫米(1.77 英寸)46 倍径 21-K 型高射炮和 45 毫米(1.77 英寸)68 倍径 21-KM 型高射炮

这两款高射炮是以苏联陆军的 45 毫米(1.77 英寸)反坦克炮为基础开发的。21-K 型高射炮在 1934 年率先服役,其蓝本是 45 毫米(1.77 英寸)1932 型坦克炮。21-KM 型高射炮的蓝本是长身管的 1942 型反坦克炮。虽然许多海军舰艇都装备了这两款高射炮,但它们并非理想的高射武器。这两款高射炮只能半自动发射,开火速度较慢,而且它们的炮弹没有装备定时引信,只能依靠直接命中的方式来摧毁目标。

37 毫米（1.46 英寸）67 倍径 70-K 型高射炮

70-K 型高射炮是苏联陆军于 1938 年完成设计的 37 毫米（1.46 英寸）61-K 型高射炮（于 1940 年列装部队）的舰载版。70-K 型高射炮从 1942 年开始批量生产，逐渐取代了大部分苏军战舰上的 45 毫米（1.77 英寸）46 倍径 21-K 型高射炮，成为苏军的主力舰载轻型高射炮。1941 年至 1945 年间，苏联共生产了 1641 门 70-K 型高射炮。70-K 型高射炮的生产一直持续到 1955 年，总产量为 3113 门。

70-K 型高射炮
70-K 型高射炮的射速可以达到 150 发 / 分，远远超过红海军早期装备的 45 毫米半自动轻型高射炮。

鱼雷

450 毫米（17.7 英寸）45-36NU 型鱼雷。

该鱼雷源自苏联于 1932 年从意大利购买的 450 毫米（17.7 英寸）鱼雷，主要被装备在"新贵"级（Novik-class）驱逐舰上。此外，这款鱼雷也可通过特殊适配装置从潜艇用 533 毫米（20.9 英寸）鱼雷发射管中发射。

553 毫米（21 英寸）53-38U 型鱼雷

53-38U 型鱼雷是苏军最常用的 533 毫米（21 英寸）鱼雷。这款鱼雷于 1939 年列装部队，主要被装备在苏军的大型水面舰艇、鱼雷快艇和潜艇上。大部分 53-38U 型鱼雷使用的都是触发引信，但 1942 年之后，使用磁引信的 53-38U 型鱼雷也开始列装部队。

反潜武器

二战期间，苏军的反潜手段仍然十分原始。在 1941 年前，红海军仍有很多舰船没有安装声呐或水声定位装置，这种情况一直持续到 1943 年。战争期间，苏军一共消耗了 88000 枚深水炸弹，但只击沉了不超过 7 艘德军潜艇。值得一提的是，苏军还经常使用深水炸弹来引爆磁性水雷。

附录

苏联坦克的生产情况

苏联军用物资产量之所以能迅速增长，一方面源于对民用工业的动员，一方面得益于西方盟国的援助。和一味追求精密复杂，强调"以质量换数量"的德国装甲车辆（如豹式坦克）不同，苏联当局始终致力于降低装甲车辆的成本和减轻维修负担。因此，苏联工程师在对大部分型号的装甲车辆进行改造时都考虑了简化生产流程和生产工艺的问题。

苏联坦克产量，按型号和年份划分（单位：辆）[1]						
	1941 年	1942 年	1943 年	1944 年	1945 年	总数
轻型坦克						
T-40	41	181	–	–	–	222
T-50	48	15	–	–	–	63
T-60	1818	4474	–	–	–	6292
T-70	–	4883	3343	–	–	8226
T-80	–	–	120	–	–	120
小计	1907	9553	3463	–	–	14923
中型坦克						
T-34	3014	12553	15529	2995	–	34091
T-34-85	–	–	283	11778	7230	19291

---

[1] 译者注：以下表格中有个别数据并不准确，但因作者的数据来源未知，故译者并未进行校正。下同。

T-44	-	-	-	-	200	200
小计	3014	12553	15812	14773	7430	53582
重型坦克						
KV-1	1121	1753	-	-	-	2874
KV-2	232	-	-	-	-	232
KV-1S	-	780	452	-	-	1232
KV-85	-	-	130	-	-	130
"斯大林-2"	-	-	102	2252	1500	3854
小计	1353	2533	684	2252	5001	8322
坦克总数	6274	24639	19959	17025	8930	76827
强击(自行)火炮						
SU-76	-	26	1928	7155	3562	12671
SU-122	-	25	630	493	-	1148
SU-85	-	-	750	1300	-	2050
SU-100	-	-	-	500	1175	1675
SU-152	-	-	704	-	-	704
ISU-122 ISU-152	-	-	35	2510	1530	4075
小计	-	51	4047	11958	6267	22323
装甲车辆总数	6274	24690	24006	28983	15197	99150

西方盟国援助武器的交付数量:装甲车辆

西方盟国援助的装甲车辆约占苏联战时坦克总产量的16%,自行火炮产量的12%。

英国和加拿大提供的装甲车辆,1941—1945年(单位:辆)			
	提供	损失	抵达
"马蒂尔达"步兵坦克(英国生产)	1084		
"马蒂尔达"Mk. III	113		113
"马蒂尔达"Mk. IV	915	221	694
"马蒂尔达"Mk. IV CS	156	31	126

"瓦伦丁"步兵坦克（英国生产）	**2394**		
"瓦伦丁"Mk. II	161	25	136
"瓦伦丁"Mk. III	346	-	346
"瓦伦丁"Mk. IV	520	71	559
"瓦伦丁"Mk. V	340	113	227
"瓦伦丁"Mk. IX	836	18	818
"瓦伦丁"Mk. X	74	8	66
"瓦伦丁"架桥车	25	-	25
"丘吉尔"步兵坦克（英国生产）	**301**		
"丘吉尔"Mk. II	45	19	26
"丘吉尔"Mk. III	151	24	127
"丘吉尔"Mk. IV	105	-	105
"克伦威尔"坦克	6	-	6
"小领主"坦克	20	-	20
通用装甲运输车（英国生产）	1212	不详	-
"瓦伦丁"Mk. VII（加拿大生产）	1388	180	1208
通用装甲运输车（加拿大生产）	1348	不详	-
坦克总计	5193	710	4483
通用装甲运输车总计	2560	224	2336
装甲车辆总计	7753	934	6819

美国提供的装甲车辆，1942—1945 年（单位：辆）			
	提供	损失	抵达
M3/M3A1"斯图亚特"轻型坦克	1676	-	-
M5"斯图亚特"轻型坦克	5	-	-
M24"霞飞"轻型坦克	2	-	-
轻型坦克总数	1682	443	1239
M3"李"中型坦克	1386	-	-
M4A2"谢尔曼"中型坦克（装备 75 毫米的主炮）	2007		

M4A2"谢尔曼"中型坦克 (装备 76.2 毫米的主炮)	2095	-	-
中型坦克总数	5374	417	4957
M26 坦克	1	-	-
M31B2 装甲抢修车	115	-	-
M15A1 组合式自行高射炮	100	-	-
M17 多管自行高射机枪	1000	-	-
T48 自行火炮(SU-57)	650	-	-
M18 坦克歼击车	5	-	-
M10 坦克歼击车	52	-	-
M2 半履带装甲车	342	-	-
M3 半履带装甲车	2	-	-
M5 半履带装甲车	421	-	-
M9 半履带装甲车	413	-	-
半履带装甲车总数	1158	54	1104
T16 通用装甲运输车	96	-	-
装甲车辆总数	8310	914	7396

西方盟国援助的轮式运输车辆（单位：辆）						
	1941 年	1942 年	1943 年	1944 年	1945 年	总数
牵引车					-	-
斯图贝克牵引车	-	3800	34800	56400	19200	114200
通用牵引车	-	1400	4900	400	-	6700
国际牵引车	-	900	1800	100	300	3100
雪佛兰牵引车	-	2700	13100	25100	6800	47700
福特牵引车	-	400	500	-	100	1000
道奇 3/4 吨牵引车	-	-	4300	10700	4600	19600
卡车	520				71	591
福特 -6 卡车	-	7600	18600	29000	5800	61000
道奇 1½ 吨卡车	-	8000	1500	100	-	9600

道奇 3 吨卡车	-	-	1400	300	-	1700
贝德福德卡车	-	1100	-	-	-	1100
福特 - 马蒙卡车	200	300	-	-	-	500
奥斯汀卡车	200	300	-	-	-	500
轻型车辆	**151**				**24**	**175**
威利斯吉普车	-	5400	13900	14300	6200	39800
班塔姆吉普车	-	500	100	-	-	600
雪佛兰吉普车	-	-	-	-	200	200
特种车辆	**1212**					**1212**
道奇军用轿车	-	-	-	100	100	200
福特两栖车	-	-	-	1900	300	2200
通用两栖车	-	-	-	-	300	300
拖车	-	-	-	600	200	800
马克柴油车	-	-	-	-	900	900
其他	-	-	200	300	-	500
共计	**2283**	**32400**	**95100**	**139300**	**45000**	**312200**

西方盟国援助武器的交付数量：军用飞机

　　除了飞机，西方盟国还向苏军提供了大量备件和原材料。仅英国便提供了价值 11.5 亿英镑的航空发动机。至于原材料的意义则更为重大——超过一半的苏联飞机使用了西方盟国提供的铝。

西方盟国提供的军用飞机（单位：架）	
战斗机	**数量**
贝尔 P-39"空中眼镜蛇"战斗机	4700
霍克"飓风"战斗机	3374
贝尔 P-63"眼镜王蛇"战斗机	2397
柯蒂斯 P-40 战斗机	2100

休泼马林"喷火"战斗机	1338
共和 P-47"雷电"战斗机	203
北美 P-51"野马"战斗机	10
轰炸机	
道格拉斯 A-20"波士顿"轰炸机	3000
北美 B-25"米切尔"战斗机	862
汉得利 – 佩季"汉普登"轰炸机	32
水上飞机	
联合 PBN-1 水上飞机	138
联合 PBY-6A 水上飞机	48
沃特 OS2U"翠鸟"水上飞机	20
观测机	
柯蒂斯 O-52"猫头鹰"观测机	19
运输机	
道格拉斯 C-47"达科他"运输机	707
教练机	
北美 AT-6"德克萨斯人"教练机	82

参考书目

克里斯·贝拉米（Chris Bellamy），《绝对战争：第二次世界大战中的苏俄》（*Absolute War: Soviet Russia in the Second World War*），麦克米伦出版社（Macmillan），2007 年出版。

凯斯·波恩（Keith Bonn），《屠场：东线入门手册》（*Slaughterhouse: The Handbook of the Eastern Front*），阿伯乔纳出版社（Aberjona Press），2005 年出版。

普热米斯瓦·布兹邦（Przemyslaw Budzbon），《战争中的苏联海军，1941—1945》（*Soviet Navy at War 1941–1945*），武器与盔甲出版社（Arms and Armour Press），1989 年出版。

E.R. 霍顿（E.R. Hooton,），《大平原上的战争：东线空战，1941—1945》（*War over the Steppes: The Air Campaigns on the Eastern Front*, 1941–45），鱼鹰出版社（Osprey Publishing），2016 年出版。

凯瑟琳·梅里戴尔（Catherine Merridale），《伊万的战争：苏联军队，1939—1945》（*Ivan's War: The Red Army 1939–1945*），费伯出版社（Faber and Faber Ltd.），2006 年出版。

道格拉斯·奥吉尔（Douglas Orgill），《T34：俄国装甲》（*T34 Russian Armour*）——普内尔第二次世界大战史武器丛书系列第 21 卷（Purnell's History of the Second World War, Weapons Book, No.21），麦克唐纳出版社（Macdonald & Co. Ltd.），1971 年出版。

布莱恩·佩雷特（Bryan Perret），《铁拳：经典装甲战案例研究》（*Iron Fist: Classic*

Armoured Warfare Case Studies), 布罗克汉普顿出版社（Brockhampton Press），
1999 年出版。

大卫·波特（David Porter），《基本车辆识别指南：苏联坦克部队，1939—1945》（*The Essential Vehicle Identification Guide: Soviet Tank Units 1939–1945*）， 安珀 出版社
（Amber Books），2009 年出版。

大卫·波特，《战斗序列：二战中的苏军》（*Order of Battle: The Red Army in WWⅡ*），
安珀出版社，2009 年出版。

大卫·波特，《基本车辆识别指南：库尔斯克战役中的苏军第 5 近卫坦克集团军，
1943 年 7 月 12 日》（*Visual Battle Guide: Fifth Guards Tank Army at Kursk, 12 July 1943*），安珀出版社，2011 年出版。

查尔斯·温彻斯特（Charles Winchester），《希特勒在俄罗斯的战争》（*Hitler's War on Russia*），鱼鹰出版社，2007 年出版。

斯蒂文·扎洛加（Steven Zaloga）和詹姆斯·格兰德森（James Grandsen），《二战中
的苏军坦克和作战车辆》（*Soviet Tanks and Combat Vehicles of World War Two*）， 武
器与盔甲出版社，1984 年出版。

斯蒂文·扎洛加和詹姆斯·格兰德森，《东线战场：装甲车辆、迷彩和标志，1941 年
至 1945 年》（*The Eastern Front, Armour, Camouflage and Markings, 1941 to 1945*）， 武
器与盔甲出版社，1989 年出版。

斯蒂文·扎洛加和利兰·内斯（Ness, Leland），《苏军入门手册，1939—1945》（*Red Army Handbook 1939–1945*），萨顿出版社（Sutton Publishing Ltd.），1998 年出版。